高职高专艺术设计类专业规划教材

3ds Max
SHINEISHEJI CAOZUO YU YINGYONG

3ds Max 室内设计 操作与应用

主 编 凡 鸿 李帅帅 姚婧媛

U0279962

重庆大学出版社

图书在版编目（CIP）数据

3ds Max室内设计操作与应用/凡鸿，李帅帅，姚婧媛主编.—重庆：
重庆大学出版社，2017.6
高职高专艺术设计类专业规划教材
ISBN 978-7-5624-9775-2

Ⅰ.①3… Ⅱ.①凡…②李…③姚… Ⅲ.①室内装饰设计—计算机
辅助设计—三维动画软件—高等职业教育—教材 Ⅳ.
①TU238-39

中国版本图书馆CIP数据核字（2016）第100252号

高职高专艺术设计类专业规划教材

3ds Max室内设计操作与应用
3ds Max SHINEISHEJI CAOZUO YU YINGYONG

主 编：凡 鸿 李帅帅 姚婧媛
策划编辑：蹇 佳 席远航 张菱芷
责任编辑：李仕辉 版式设计：原豆设计（杨 晗）
责任校对：贾 梅 责任印制：赵 晟

重庆大学出版社出版发行
出版人：易树平
社址：重庆市沙坪坝区大学城西路21号
邮编：401331
电话：（023）88617190 88617185（中小学）
传真：（023）88617186 88617166
网址：http://www.cqup.com.cn
邮箱：fxk@cqup.com.cn（营销中心）
全国新华书店经销
重庆长虹印务有限公司印刷

开本：787mm×1092mm 1/16 印张：11 字数：341千
2017年6月第1版 2017年6月第1次印刷
ISBN 978-7-5624-9775-2 定价：58.00元

编委会

序

　　我国人口 13 亿之巨，如何提高人口素质，把巨大的人口压力转变成人力资源的优势，是建设资源节约型、环境友好型社会，实现经济发展方式转变的关键。高职教育承担着为各行各业培养输送与行业岗位相适应的高技能人才的重任。大力发展职业教育有利于改善经济结构，有利于经济增长方式的转变，是实施"科教兴国，人才强国"战略的有效手段，是推进新型工业化进程的客观需要，是我国在经济全球化条件下日益激烈的综合国力竞争中得以制胜的必要保障。

　　高等职业教育艺术设计教育的教学模式满足了工业化时代的人才需求；专业的设置、衍生及细分是应对信息时代的改革措施。然而，在中国经济飞速发展的过程中，中国的艺术设计教育却一直在被动地跟进。未来的学习，将更加个性化、自主化，因为吸收知识的渠道遍布在每个角落；未来的学校，将更加注重引导和服务，因为学生真正需要的是目标的树立与素质的提升。在探索过程中，如何提出一套具有前瞻性、系统性、创新性、具体性的课程改革方法将成为值得研究的话题。

　　进入 21 世纪的第二个十年，基于云技术和物联网的大数据时代已经深刻而鲜活地展现在我们面前。当前的艺术设计教育体系将被重新建构，同时也被赋予新的生机。本套教材集合了一大批具有丰富市场实践经验的高校艺术设计教师作为编写团队。在充分研究设计发展历史和设计教育、设计产业、市场趋势的基础上，不断梳理、研讨、明确了当下高职教育和艺术设计教育的本质与使命。

　　曾几何时，我们在千头万绪的高职教育实践活动中寻觅，在浩如烟海的教育文献中求索，矢志找到破解高职毕业设计教学难题的钥匙。功夫不负有心人，我们的视界最终聚合在三个问题上：一是高职教育的现代化。高职教育从自身的特点出发，需要在教育观念、教育体制、教育内容、教育方法、教育评价等方面不断进行改革和创新，才能与中国社会现代化同步发展。二是创意产业的发展和高职艺术教育的创新。创意产业作为文化、科技和经济深度融合的产物，凭借其独特的产业价值取向、广泛的覆盖领域和快速的成长方式，被公认为 21 世纪全球最有前途的产业之一。从创意产业发展的视野，谋划高职艺术设计和传媒类专业教育改革和发展，才能实现跨越式的发展。三是对高等职业教育本质的审思，即从"高等""职业""教育"三个关键词，高等职业教育必须为学生的职业岗位能力和终身发展奠基，必须促进学生职业能力的养成。

　　在这个以科技进步、人才为支撑的竞争激烈的新时代，实现孜孜以求的综合国力强盛不衰、中华民族的伟大复兴，科教兴国，人才强国，赋予了职业教育任重而道远的神圣使命。艺术设计类专业在用镜头和画面、用线条和色彩、用刻刀与笔触、用创意和灵感，点燃了创作的火花，在创新与传承中诠释着职业教育的魅力。

教育部职业院校艺术设计类专业教学指导委员会委员

重庆工商职业学院传媒艺术学院副院长

徐　江

前　言

　　3D Studio Max，常简称为3ds Max或MAX，是Discreet公司开发的（后被Autodesk 公司合并）基于PC系统的三维动画渲染和制作软件。其前身是基于DOS操作系统的3D Studio系列软件。在Windows NT出现以前，工业级的CG制作被SGI图形工作站所垄断。3D Studio Max与Windows NT组合的出现降低了CG制作的门槛，运用在电脑游戏中的动画制作，后更进一步开始参与影视片的特效制作，例如《X战警II》《最后的武士》等。在Discreet 3ds Max 7后，正式更名为Autodesk 3ds Max，目前最新版本是3ds Max 2017。

　　本书以项目式教学安排章节，讲述了室内效果图制作的各种方法和技巧，目的是使相关专业的学生通过学习，储备效果图制作的技能技法。从3ds Max室内设计的基础讲起，由浅入深地介绍了3ds Max中文版绘制室内设计效果图的各个功能，还提供了编者们多年积累的各种不同的设计图例。本书主要读者对象是初、中级用户，大中专院校相关专业以及室内设计人员，旨在帮助读者用较短的时间快速掌握3ds Max中文版绘制室内设计效果图的各种技巧，并提高室内设计效果图制图质量。

　　本书主要由凡鸿编写，李帅帅、姚婧媛等参与了部分项目的编写。书中主要内容来自于编者使用3ds Max的经验总结，也有部分内容取自于网络案例。考虑到室内设计效果图制作的复杂性，书中的理论讲解和实例示范都作了一些适当的简化处理，尽量做到循序渐进，深入浅出，通俗易懂。

　　由于编者水平有限，在编制的过程中，大量地参考了有关资料，同时也多次向同行请教。在这里，向所有提供帮助和关心的人们表示感谢。虽然在编制过程中，几经易稿，但书中仍有不足，若给读者带来不便，敬请原谅。同时也希望广大读者不吝赐教，批评指正。

编　者
2017年1月

目　录

3ds Max
基础篇

学习要求

通过本篇的学习，能够掌握3ds Max软件基本界面结构，掌握菜单、命令、工具基本特点及用法，并能熟练运用相关的菜单、命令、工具及其快捷键，为以后更加深入的学习打下良好的基础。

3ds Max是Autodesk公司推出的一个效果图设计和三维动画设计的软件。随着版本的不断升级，3ds Max的功能越来越强大，应用的范围也越来越广泛。就目前的商业应用来看，3ds Max是制作室内效果图的最主要的软件平台。

3ds Max SHINEISHEJI CAOZUO YU YINGYONG

3ds Max 操作界面(2013版本)

3ds Max启动完成后，即可进入该应用程序的主界面。3ds Max的操作界面由标题栏、菜单栏、工具栏、命令面板、工作视图区、视图控制区、命令行、状态栏、时间滑块、动画控制区等部分组成。该界面集成了 3ds Max的全部命令和上千条参数，因此在学习3ds Max之前，有必要对其工作环境有一个基本的了解（图1-1）。

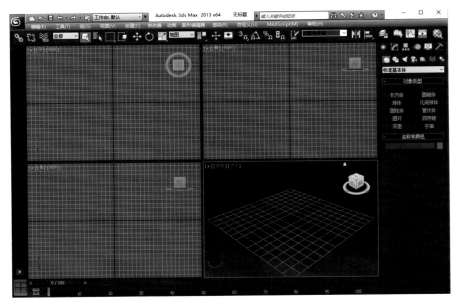

图1-1

1.1.1 标题栏和菜单栏

（1）标题栏：3ds Max的标题栏位于界面的最顶部。标题栏上包含当前编辑的文件名称、软件版本信息，同时还有软件图标 ⑥ （也称为应用程序按钮）、快速访问工具栏和3个基本控制按钮（最小化、最大化和关闭）（图1-2）。

图1-2

单击软件图标，会弹出一个用于管理文件的下拉菜单主要包括"新建""重置""打开""保存""另存为""导入""导出""发送到""参考""管理""属性"和"最近使用的文档"12个常用命令（图1-3）。

（2）菜单栏：位于标题栏的下方，分成独立的12个主菜单（图1-4）。在菜单命令中带有省略号的，表示选择该命令后会弹出相应的对话框，而带有小箭头的则说明还有下一级的菜单。

图1-3

图1-4

1.1.2 主工具栏

主工具栏中集合了最常用的一些编辑工具。主工具栏位于界面的顶部，在默认情况下，很多工具栏都处于隐藏状态，如果要调出这些工具栏，可以在主工具栏的空白处，单击鼠标右键，然后在弹出的菜单中选择相应的工具栏即可。

若主工具栏中的工具未能完全显示，可以将鼠标放置在主工具栏上的空白处，当光标变成手形图标 🖐 后，使用鼠标左右移动主工具栏即可查看其余没有显示出来的工具（图1-5）。

图1-5

某些工具的右下角有一个三角图标，单击该图标就会弹出下拉工具列表。以【捕捉开关】🧲为例，单击【捕捉开关】按钮不放，就会弹出捕捉工具列表，拖动鼠标可以进行选择（图1-6）。

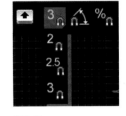

▲技巧提示

按"Alt+6"组合键可以隐藏主工具栏，再次按"Alt+6"组合键可以显示主工具栏。

图1-6

【选择并链接/断开当前选择链接】 🔗🔗：用于两个对象进行建立父子关系链接或断开层级关系链接。

【选择过滤器】 全部▼：用于对对象类型进行选择过滤的控制。可以禁止特定类型对象的选择，从而快速准确地根据需要进行选择。默认设置为"全部"时，不产生过滤作用。

【选择对象/按名称选择/矩形选择区域/窗口/交叉】  ：这4个工具都用于场景中对象的选择。

【选择并移动/选择并旋转/选择并均匀缩放】  ：对场景中的对象进行移动、旋转或缩放操作。

【捕捉开关/角度捕捉切换/百分比捕捉切换/微调器捕捉切换】  ：控制捕捉的开关，控制对象移动、缩放、挤压或旋转时的数值是否按一定的比例进行变化。

1.1.3 其他面板

（1）【命令】面板：位于3ds Max界面的右侧，由切换标签和卷展栏组成。它是3ds Max的核心工作区，3ds Max中大多数对象的创建和编辑都是通过命令面板来完成的。因此，熟练掌握命令面板的使用技巧，是学习3ds Max的关键。

命令面板包含6个面板（图1-7），一些面板中还包含着不同的子面板。

（2）【创建】面板：也是最重要的面板之一，在该面板中可以创建7种对象（图1-8）。

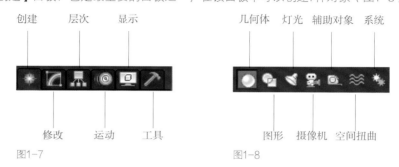

图1-7　　　　　　　　　　　　　　图1-8

（3）【修改】面板：也是最重要的面板之一，该面板主要用来调整场景对象的参数，同样可以使用该面板中的修改器来调整对象的几何形体（图1-9）。

（4）【层次】面板：主要用于调节相互连接对象之间的层级关系。在层级命令面板中，包括【轴】【IK】和【链接信息】3个命令项目（图1-10）。

图1-9　　　　　　　　　　　　　图1-10

（5）【运动】面板：其中的工具与参数，主要用来调整选定对象的运动属性（图1-11）。

（6）【显示】面板：该面板中的参数主要用来设置场景中控制对象的显示方式。通过显示、隐藏、冻结等控制来更好地完成效果图制作，加快画面的显示速度（图1-12）。

（7）【工具】面板：该面板提供了9个常用的外部程序，用于完成一些特殊的操作（图1-13）。

另外，在各命令面板下，还包含着很多卷展栏。其中，带有"+"符号的表示该卷展栏处于关闭状态，带有"-"符号的表示该卷展栏处于展开状态。单击卷展栏的标题栏，将切换该卷展栏的展开或关闭状态。

图1-11   图1-12   图1-13

1.1.4 状态栏和提示行

状态栏和提示行位于 3ds Max 操作界面底部的左侧（图1-14）。

状态行显示了当前所选择对象的数目、对象的锁定、当前鼠标的坐标位置，以及当前使用的栅格距离等。提示行显示了当前使用工具的提示文字，指导我们如何使用此工具进行操作，对一些命令进行操作提示。

图1-14

【锁定按钮】 ▣ 的右侧是坐标数值显示区（图1-15）。

图1-15

1.1.5 动画控制栏

动画控制栏位于屏幕的下方，主要用于制作动画时，进行动画的记录、动画帧的选择、动画的播放以及动画时间的控制等（图1-16）。

图1-16

1.1.6　视图导航栏

默认情况下，视图导航栏显示8个工具按钮。按钮右下角带有黑三角的，表示还有相应的隐藏工具（图1-17）。

图1-17

【缩放】：在任意视图中上下拖动鼠标，可以对视图进行推拉缩放的显示。快捷键为"Ctrl+Alt+鼠标中键"。

【缩放所有视图】：激活该按钮后，在视图中上下拖拽，可以实现四个视图的同步缩放。

【最大化显示选定对象】：将场景中所选的对象以最大化的方式全部显示在当前激活视图中。选择对象后，按快捷键"Z"。

【最大化显示】：将场景中的所有对象以最大化的方式，全部显示在当前激活的视图中。取消对象的选择后，按快捷键"Z"。

【所有视图最大化显示选定对象】：将所选择的对象以最大化的方式显示在所有视图中。

【所有视图最大化显示】：将所有对象以最大化的方式，显示在全部视图中。快捷键为"Ctrl+Shift+Z"。

【视野】：属透视图专用。单击后上下拖动鼠标，改变透视图的"视野"值。

【缩放区域】：在视图中框取局部区域，将它放大显示。快捷键为"Ctrl+W"。在透视图没有这个命令，如果想使用它的话，要先将透视图切换为用户视图，进行区域放大后再切换回透视图。

【平移视图】：单击后，在视口中拖动鼠标可以进行平移操作，配合Ctrl键可以加速平移，快捷键为"Ctrl+P"。三键鼠标可以直接使用鼠标中键进行视图平移，且不会影响当前正在使用的其他工具。

【穿行】：只用于控制透视图和相机视图。在视图中拖拽鼠标，可改变摄像机的目标位置。

【环绕】：只用于控制透视图和用户视图。当前视图会出现一个黄色的圈，可在圈内、圈外或圈上的4个顶点上，拖动鼠标来改变不同的视角。快捷键为"Ctrl+R"，但会放弃正在使用的其他工具。使用"Alt+鼠标中键"，可以即时进行视图的平移旋转，不用放弃正在使用的工具。

【最大化视口切换】：将当前激活视图切换为全屏显示，快捷键为"Alt+W"。

1.1.7　设置系统单位

通常情况下，在制作场景之前都要对3ds Max的单位进行设置，这样才能制作出精确的对象。执行菜单"自定义>单位设置"命令，打开"单位设置"对话框，在"公制"选项的下拉列表中选择"毫米"（图1-18）。然后单击【系统单位设置】按钮，在弹出的对话框中选择"系统单位比例"为"毫米"，单击【确定】按钮（图1-19）。

　　　　　　　　　图1-18　　　　　　　　　图1-19

常用操作技巧

1.2.1　快捷键设置

在3ds Max中，可以依据用户的习惯和应用领域的不同，设置不同的快捷键。建议尽量把快捷键设置在左手能接触到的按键上，这样操作起来更方便。

在菜单栏找到"自定义 > 自定义用户界面 > 键盘"，选择要设置的快捷键名称，在"热键"填充框里按相应的键的方式，输入字母或数字（图1-20）。

图1-20

1.2.2　视图操作技巧

3ds Max 在默认情况下，采用四视图的布局方式，4个视图是均匀划分的，分别是顶视图"T"、前视图"F"、左视图"L"和透视图"P"。

（1）激活视图：将鼠标光标放在任何一个视图中，单击鼠标右键选择激活视图，被激活视图的边框显示为亮黄色（图1-21）。

（2）切换视图：若要切换某视口中视图的类型，在视图属性上单击鼠标右键，从弹出的快捷菜单中选择需要的视图即可；也可以通过快捷键相互转换（图1-22）。

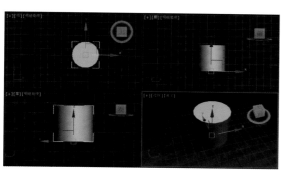

图1-21

图1-22

用户还可以执行菜单"视图 > 视口配置"命令，在弹出的"视口配置"对话框中选择"布局"选项卡，则可选择不同的视图布局方式（图1-23）。

（3）视口显示方式：模型在视图中有不同的显示方式，在默认情况下，模型是以实体显示。选择3ds Max透视图，在左上角的"真实"标志上单击鼠标左键，在弹出的快捷菜单中可以选择更改模型的显示方式（图1-24）。

图1-23   图1-24

"真实"显示方式，可以在视图中看到物体明暗的显示面以及灯光效果（图1-25）。

"明暗处理"显示方式，可以在视图中看到物体明暗的显示面，但没有灯光效果（图1-26）。

图1-25   图1-26

"一致的色彩"显示方式，仅在视图中显示物体的本身颜色（图1-27）。

"边面"显示方式，在物体显示的基础上，以线框结构形式显示。但必须与"真实""明暗处理"或"一致的色彩"一起使用（图1-28）。

图1-27   图1-28

"线框"显示方式，模型以它本身的网格线框形式显示，这时不显示模型的材质（图1-29）。

"边界框"显示方式，也是最简单的一种显示方式，比较适合大型的场景，可以加快视图的显示速度（图1-30）。

图1-29

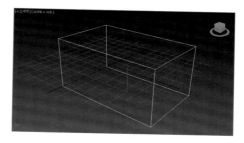

图1-30

▲技巧提示

（1）在"真实"显示方式打开时，还可以打开"边面"显示方式。这样模型既能显示出平滑的阴影面，又能看到模型的线框结构，这是比较常用的一种显示方式。也可以选中物体，直接按F4键（图1-31）。

（2）可以在场景中将所选对象以"线框"方式显示，加快视图的显示速度。也可以选中物体，直接按F3键。

图1-31

1.2.3 对象的轴心点

对象的轴心点是对象旋转和缩放时所参照的中心点。使用普通的变换工具不能改变对象的轴心点，若要变换对象的轴心点，可以在选定对象的情况下，单击【层次】 命令面板中的 轴 按钮（图1-32）。然后展开"调整轴"卷展栏，根据需要，单击下面的相应按钮。使用【变换工具】（对象的移动/缩放/旋转）就可以改变选定对象的轴心点。在确定了轴心点之后，再次单击【调整轴】卷展栏下的相应按钮，就可以退出轴心点模式。

另外，在工具栏上还有用于控制选择集轴心位置的轴心按钮，共有3个。

【使用轴点中心】 ：为默认按钮。以对象局部坐标系的中心点作为变换中心。

【使用选择中心】 ：指在选择了场景中的多个物体之后，对象轴心为整个选择集的中心。

【使用变换坐标中心】 ：指将当前使用的坐标中心作为对象轴心。

用于对选定对象应用变换，轴心点不受影响。

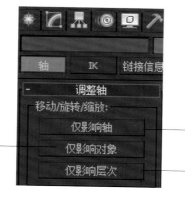

用于单独对物体的轴心点进行变换操作，不影响对象和子对象。

用于将变换只影响到对象和子对象的链接上。

图1-32

室内设计基础建模篇

学习要求

  通过本篇的学习，学生能够掌握3ds Max软件基本
创建二维图形、三维模型的基本方法和步骤，掌握图
形转换操作、修改命令应用、创建工具基本特点及用
法，并能熟练运用相关的面板、卷展栏、参数设置及
其快捷键应用。

3ds Max SHINEISHEJI CAOZUO YU YINGYONG

2.1

室内墙体建模

2.1.1 设置单位并导入CAD图纸

首先将CAD图纸在AutoCAD软件中删除不需要的文字注释等（图2-1）。

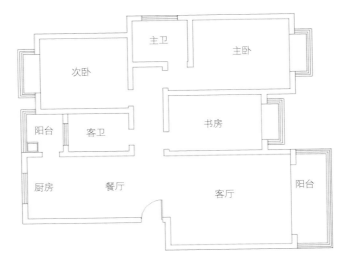

图2-1

（1）启动3ds Max中文版软件，在菜单栏执行"自定义 > 单位设置"，在弹出的"单位设置"对话框中设置"显示单位比例"与"系统单位比例"为"毫米"（图2-2）。

图2-2

（2）单击3ds Max界面左上角软件图标按钮，在下拉菜单中执行"导入＞导入"（图2-3）。

（3）在打开的"选择要导入的文件"对话框中，选择要导入的CAD图纸，单击【打开】按钮（图2-4）。

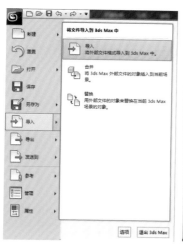

图2-3   图2-4

（4）在打开的"AutoCAD DWG/DXF导入选项"对话框中单击【确定】按钮（图2-5）。

（5）3ds Max完成CAD室内平面图纸的导入（图2-6）。

图2-6素材

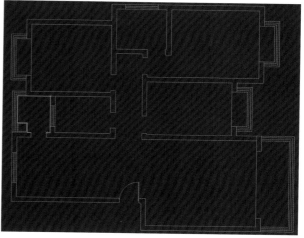

图2-5   图2-6

2.1.2　效果图建模前基本操作设置

（1）为方便以后编辑操作，首先要将CAD图纸成组；在顶视图中框选要成组的CAD室内平面图，在3ds Max中文版菜单栏选择"组＞成组"命令（图2-7）。

（2）在弹出的"组"对话框中输入"组名"，单击【确定】按钮（图2-8）。

（3）在3ds Max工具栏中的【选择并移动】单击鼠标右键，在弹出的"移动变化输入"对话框中更改"绝对：世界"X、Y、Z坐标为0，将CAD图纸坐标回归到原点，方便以后操作（图2-9）。

图2-7

图2-8

图2-9

（4）在3ds Max视图中选中CAD室内平面图，单击鼠标右键，在弹出的下拉列表中选择"冻结当前选择"命令，将CAD室内平面图冻结，方便以后建模时拾取（图2-10）。

（5）在3ds Max工具栏中选择【捕捉开关】，单击鼠标右键，在弹出的"栅格和捕捉设置"对话框中的选项中勾选"捕捉到冻结对象"选项，才能对冻结的对象进行捕捉，创建室内模型（图2-11）。

图2-10

图2-11

2.1.3　墙体建模

（1）在3ds Max工具栏中按鼠标右键单击【捕捉开关】，在弹出的"栅格和捕捉设置"对话框中选择"捕捉"选项中的捕捉"顶点"（图2-12）。

（2）可使用"线"或"矩形"工具绘制墙体；执行"创建 > 图形 > 样条线"命令，单击【线】按钮，在3ds Max视图窗口中捕捉CAD平面图墙壁顶点，绘制平面图形（图2-13）。

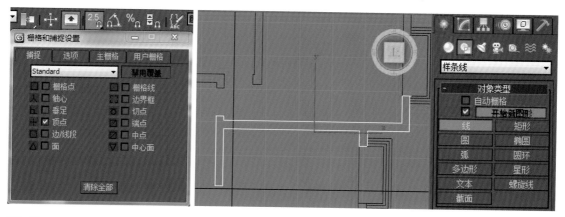

图2-12　　　　　　　　　　　图2-13

（3）选择"修改"面板中的"修改器列表"，在打开的修改器列表下拉菜单中选择添加"挤出"修改器，设置参数"数量"为3 000 mm，即墙体高度3 m（图2-14）。

（4）使用上面同样的方法创建墙体，可以首先用矩形或直线创建出墙体，然后把创建的图形一起选中并添加"挤出"修改器，3ds Max完成室内墙体建模（图2-15）。

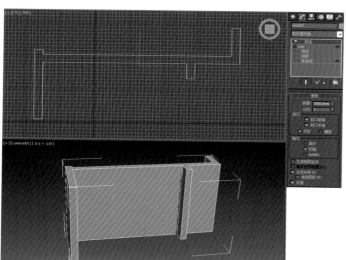

图2-14

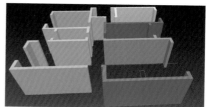

图2-15

2.1.4　地板和天花建模

（1）在3ds Max视图中选中墙体模型，单击鼠标右键，在弹出的下拉列表中选择"隐藏选定对象"命令，将墙体模型隐藏，方便创建地板（图2-16）。

图2-16

（2）同样用捕捉点的方法，运用直线工具命令，沿CAD图形的外围绘制一封闭图形（图2-17）。

（3）在"修改器"下拉菜单中使用"挤出"命令，设置挤出"数量"为100 mm（为方便后期渲染，可取更小值），创建平面模型，并取名"地板"（图2-18）。

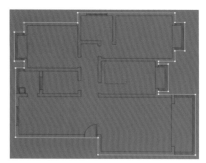

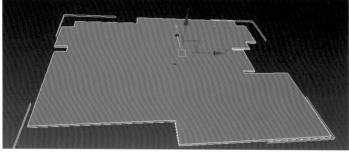

图2-17   图2-18

（4）选中"地板"模型，同时按住"Shift"键，参照栅格值向上垂直3 000 mm处复制"地板"，在弹出的"克隆选项"对话框中，点选"对象"中的"复制"选项，"副本数"为1，单击【确定】按钮，并将复制的地板重新命名为"天花"（图2-19）。

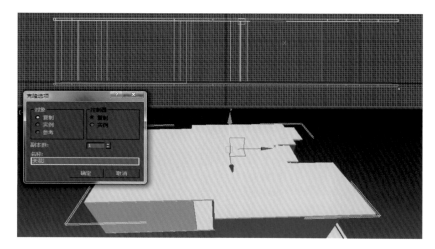

图2-19

（5）在3ds Max视图中单击鼠标右键，在弹出的下拉列表中选择"全部取消隐藏"命令，在弹出的"全部取消隐藏"对话框上单击【是】按钮，显示隐藏的墙体（图2-20、图2-21、图2-22）。

图2-21

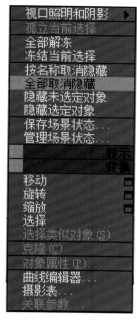

图2-20

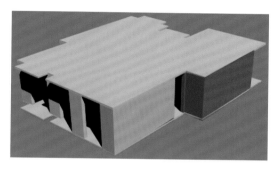

图2-22

2.1.5　踢脚线建模

（1）隐藏选定所有模型，在顶视图CAD平面图内侧绘制踢脚线放样路径，同时绘制踢脚线放样图形，矩形大小为100 cm×15 cm（图2-23）。

（2）选择放样图形，单击鼠标右键，在弹出的下拉列表中执行"转换为 > 转换为可编辑样条线"命令，将矩形转换为可编辑样条线（图2-24）。

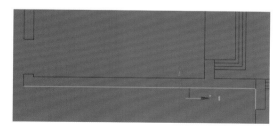

图2-23

图2-24

（3）在修改器中展开"可编辑样条线"，选择"顶点"，在"几何体"选项中，单击【优化】按钮，在放样图形上添加节点，并通过"平滑""贝兹曲线""圆角"等命令（后续章节讲解），调整图形（图2-25、图2-26）。

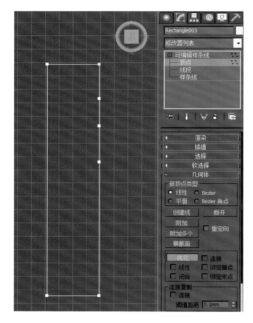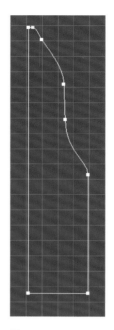

图2-25   图2-26

（4）选择放样路径（直线），在"创建＞几何体"下选择"复合对象"选项，在面板上单击【放样】按钮，在"创建方法"面板中单击【获取图形】按钮，并用鼠标单击放样图形，创建三维图形（图2-27、图2-28）。

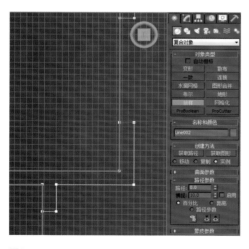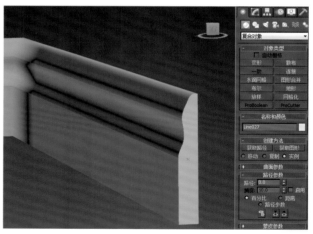

图2-27   图2-28

（5）用同样的方法，创建三维踢脚线图形（图2-29）。

（6）取消图形隐藏，踢脚线效果如图2-30所示。

（7）至此，整个三居室室内墙体建模完成（图2-31）。

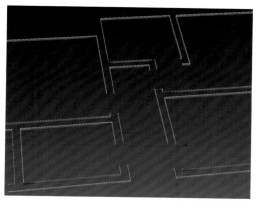

图2-29

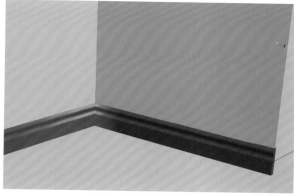

图2-30

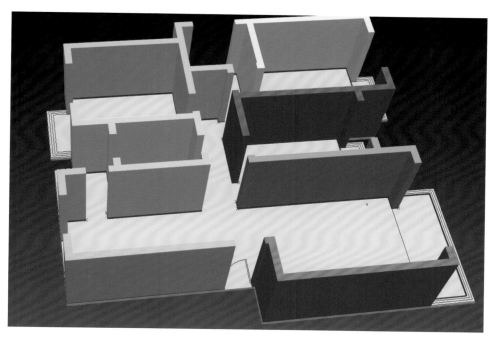

图2-31

2.2

客厅室内建模

2.2.1 客厅阳台建模

（1）选中已建模型，在视图中单击鼠标右键，选择"隐藏选定对象"，在CAD图阳台位置用捕捉点方式直线绘制封闭图形，并挤压为三维墙体，挤压数量为150 mm（图2-32）。

（2）创建阳台栏杆，用创建几何体中的"长方体"在顶视图中创建长方体，创建各项数据（图2-33）。

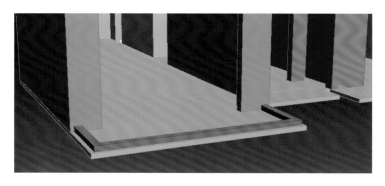

图2-32

图2-33

（3）按住"Shift"键，沿阳台墙体路径拖拽长方体栏杆，复制栏杆，并在"克隆选项"面板上点选"实例"选项，以便后期编辑的统一性（图2-34、图2-35）。

图2-34

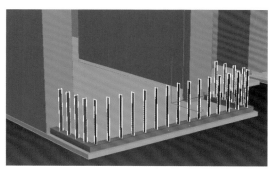

图2-35

（4）运用"放样图形"的方法放样阳台扶手（图2-36）。

图2-36

2.2.2　客厅阳台门建模

（1）在CAD图中，矩形绘制客厅阳台门二维图形，并在修改器中用"挤出"命令，挤出三维墙体，"修改"面板参数中"数量"输入400 mm，指定阳台门顶部高度（图2-37）。

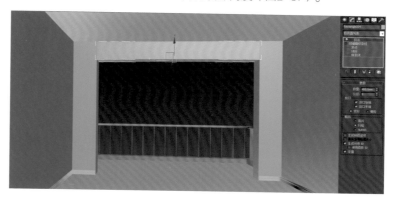

图2-37

（2）创建阳台推拉门，在"创建 > 几何体 > 门"选项下单击【推拉门】按钮，设置各项创建参数（图2-38、图2-39）。

图2-38　　　　　　　图2-39

（3）阳台门头创建，在"创建＞几何体＞窗"选项下单击【固定窗】按钮，设置各项创建参数（图2-40、图2-41）。

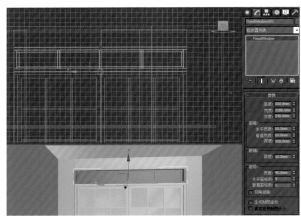

图2-40　　　　　　　　　　　　图2-41

（4）设置玻璃透明度厚（图2-42）。

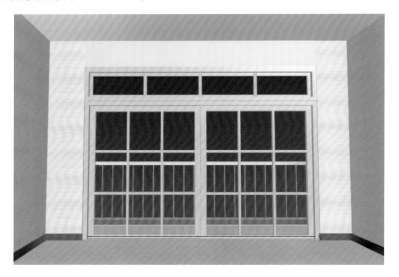

图2-42

2.2.3　客厅入户门建模

（1）首先要把门的上方封起来，打开三维"捕捉开关"，执行"创建面板＞图形＞样条线"，单击【矩形】按钮，捕捉门上方的顶点，绘制一个矩形，利用修改器中的"挤出"命令，挤出三维模型（图2-43）。

（2）用放样来制作门框，关闭"捕捉开关"，在顶视图门框位置绘制一个矩形，单击鼠标右键，从弹出的下拉菜单中选择"转换＞转换为可编辑样条线"，将矩形转换为可编辑样条线，进入"修改"面板可编辑样条线修改器"顶点"层级，运用"贝兹曲线""圆点"等命令，调整点的位置（图2-44）。

图2-43

（3）执行"创建 > 图形 > 样条线"，单击"线"按钮，沿门框创建一条样条线，作为放样路径（图2-45）。

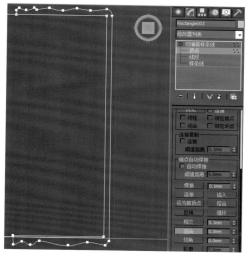

图2-44

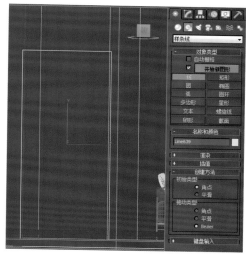

图2-45

（4）执行"创建 > 几何体 > 复合对象"，单击"放样"按钮，确认上一步绘制的样条线为选择状态，单击参数卷展栏中的"获取图形"按钮，选择之前所绘制的直线路径（图2-46、图2-47）。

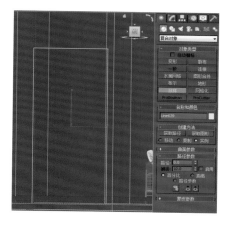

图2-46

图2-47

（5）执行"创建 > 几何体 > 门"，单击【枢轴门】按钮，在顶视图中绘制入户门（图2-48）。

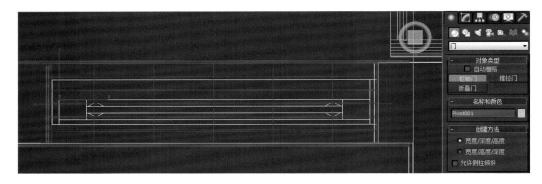

图2-48

（6）选中枢轴门，在修改器中调整相关参数，完成入户门建模（图2-49）。

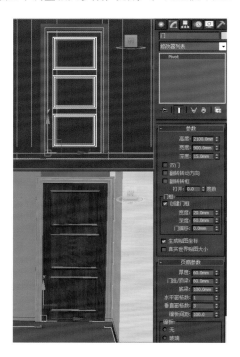

图2-49

2.2.4　客厅吊顶建模

（1）执行"创建 > 图形 > 样条线"，单击【矩形】工具按钮，在"顶"视图中创建一个矩形，单击鼠标右键，在弹出的菜单中执行"转换为 > 转换为可编辑样条线"命令，进入"修改"面板可编辑样条线修改器"样条线"层级，在【轮廓】按钮右侧输入600 参数，单击【轮廓】按钮，制作吊顶轮廓（图2-50）。

（2）在"修改"面板"修改器列表"中选择并添加"挤出"修改器，设置参数"数量"为100 mm，挤出吊顶（图2-51）。

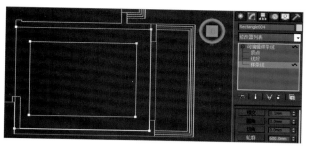

图2-50

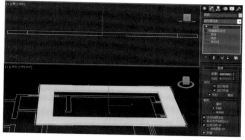

图2-51

（3）在上图中发现创建的天棚吊顶位置不准确，在工具栏中选择【对齐】 ，单击墙体顶部，在弹出的"对齐当前选择"对话框中，设置对齐选项（图2-52、图2-53）。

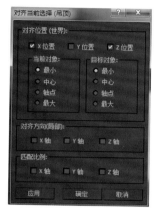

图2-52

图2-53

2.2.5 筒灯建模

（1）执行"创建 > 几何体 > 标准基本体"， 单击【圆环】按钮，在顶视图中创建一个圆环，设置参数"半径1"为60 mm，"半径2"为10 mm，作为筒灯的外缘（图2-54）。

（2）执行"创建 > 何体 > 标准基本体"， 单击"圆柱体"命令，在"顶"视图中创建一个圆柱体，制作筒灯中央的发光面（图2-55）。

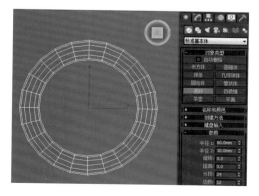

图2-54

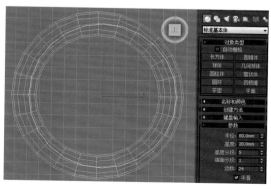

图2-55

（3）保持圆柱体为选择状态，单击工具栏中的【对齐】 ![icon]，然后单击视图中的圆环，在弹出的"对齐当前选择"对话框中将X、Y位置中心对齐（图2-56）。

（4）在工具栏中选择【选择并移动】 ![icon]，在"左"视图中将创建的圆柱移动到合适位置，并将筒灯移动到顶棚合适位置（图2-57）。

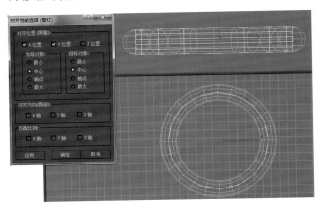

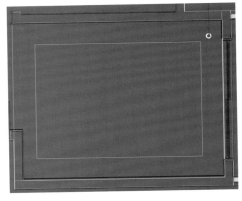

图2-56

图2-57

（5）选择创建的圆环，单击鼠标右键，从弹出的菜单中执行"转换为 > 转换为可编辑网格"，进入"修改"面板中可编辑网格下的"多边形"层级，在视图中选择顶棚上的圆环，然后按键盘"Delete"键删除，对筒灯进行精简，节约系统资源（图2-58）。

（6）设置筒灯自发光，切换到顶视图，在工具栏中单击"选择并移动"工具，按住键盘"Shift"键，同时按住鼠标左键拖动以"实例"方式复制筒灯（图2-59）。

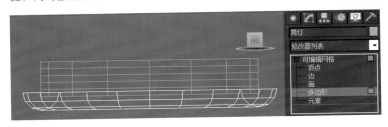

图2-58

图2-59

（7）为了让复制出的筒灯在合适位置，按键盘"G"键显示栅格，精确定位，复制出如图2-60所示室内客厅顶棚筒灯效果。

（8）单击工具栏上的【渲染产品】 ![icon]，打开"渲染帧窗口"，渲染室内客厅筒灯效果如图2-61所示。

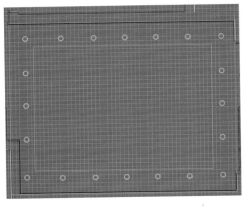

图2-60

图2-61

2.2.6　沙发建模

（1）执行"创建 > 几何体"，选择"扩展基本体"选项，单击【切角长方体】按钮，在顶视图中创建一个切角长方体，制定尺寸：长1 800 mm、宽500 mm、高200 mm、圆角30 mm（图2-62）。

（2）在工具栏中选择【选择并移动】 ✥ 按住"Shift"键向上移复制一个相同的长方体，弹出的对话框选择"复制"并确定。更改长度为700 mm、高250 mm、圆角60 mm，其余不变。将改好尺寸的小长方体向左右复制两个（图2-63）。

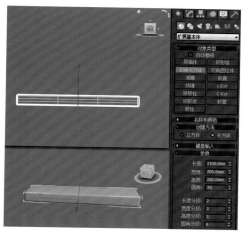

图2-62

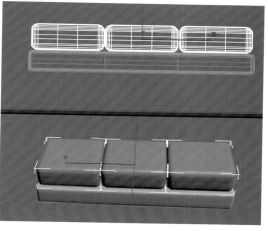

图2-63

（3）向右偏移小长方体更改尺寸：高500 mm、长250 mm、圆角10 mm，其他不变，移动长方体到紧挨沙发边的地方，再向另一方复制一个此长方体，制作出沙发扶手（图2-64）。

（4）选中沙发底座向后拖动复制，更改尺寸：长2 600 mm、宽200 mm、高800 mm，移动位置紧贴沙发后方，设置宽度分段为6，高度分段为8（图2-65）。

图2-64

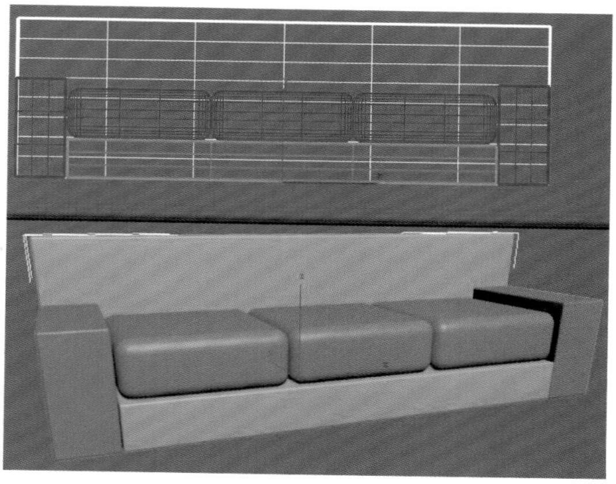

图2-65

（5）在修改器面板，选择"FFD（长方体）"命令，单击"FFD参数"栏中【设置点数】按钮，打开"设置FFD尺寸"对话框，对应长方体的分段，设置长度分段4、宽度分段4、高度分段8，利用控制点修改长方体为沙发靠背（图2-66）。

（6）制作沙发沙发扶手靠垫，创建一切角长方体，参数设置及效果如图2-67所示。

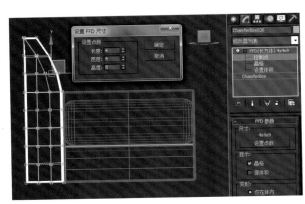

图2-66

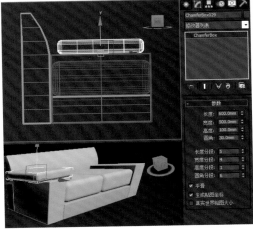

图2-67

（7）在修改器面板，选择"FFD（长方体）"命令，单击"FFD参数"栏中"设置点数"按钮，打开"设置FFD尺寸"对话框，对应长方体的分段，设置分段，利用控制点修改长方体为沙发扶手靠垫，并进行复制（图2-68）。

（8）用相同的方法制作双人沙发和单人沙发（图2-69）。

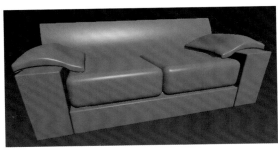

图2-68

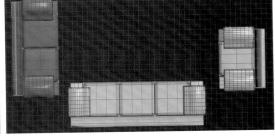

图2-69

2.2.7　茶几建模

（1）用矩形工具在顶视图中绘制一长1 500 mm、宽1 200 mm的矩形，并转换成"可编辑样条线"，在"样条线"下设置"轮廓"100 mm，然后在修改器中运用"挤压"命令，挤压数量为120 mm,挤出图形（图2-70）。

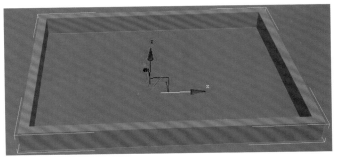

图2-70

（2）在顶视图中沿矩形1 200 mm边绘制长为800 mm的直线作为放样路径，再在前视图中绘制一高500 mm、宽120 mm的矩形，并通过转换成样条线，利用控制点调整其轮廓，作为放样图形（图2-71）。

（3）选取放样路径，执行"创建 > 几何体 > 复合对象"，单击【放样】按钮，拾取放样图形，创建三维图形（图2-72）。

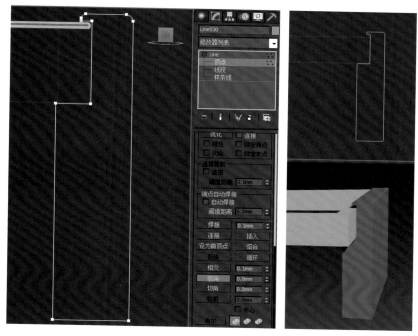

图2-71   图2-72

（4）执行"创建 > 几何体 > 扩建基本体"，单击【切角长方体】按钮，在顶视图中绘制一个长1 500 mm、宽1 200 mm的切角长方体，高度为10 mm，切角为3（图2-73）。

（5）布尔运算茶几腿，执行"创建 > 几何体 > 标准基本体"，单击【长方体】按钮，在左视图中绘制一长300 mm、宽40 mm、高300 mm的长方体，作为布尔运算的操作对象（图2-74）。

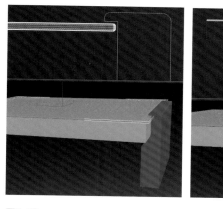
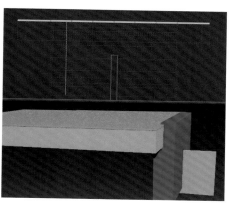

图2-73   图2-74

（6）选取茶几腿，执行"创建 > 几何体 > 复合对象"，单击【布尔】按钮，在"拾取布尔"面板点击【拾取操作对象B】按钮，点选操作对象长方体，布尔运算效果（图2-75）。

（7）选取茶几腿，单击工具栏上的【镜像】 ![icon]，在弹出的"镜像"对话框中，设置关于 x 轴复制。单击"确定"按钮便可镜像复制另一个茶几腿，调整其位置（图2-76）。

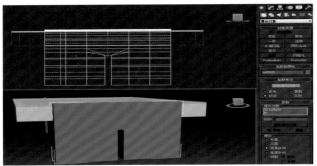 

图2-75　　　　　　　　　　　　　　　　　　　　　　　图2-76

（8）运用"矩形工具""编辑样条线"命令和"长方体"命令制作茶几底盘（图2-77）。

（9）按照前面的制作方法，制作客厅电视及角几等家具（图2-78）。

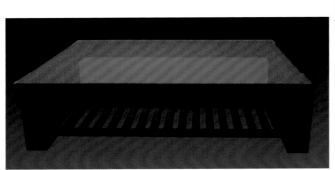 

图2-77　　　　　　　　　　　　　　　　　　　图2-78

2.2.8　吊灯建模

（1）执行"创建 > 几何体 > 标准基本体"，单击【长方体】按钮，在顶视图创建一个长度1 200 mm、宽度900 mm、高度40 mm的长方体作为灯座（图2-79）。

（2）在顶视图中用直线绘制图形，在修改器中运用编辑样条线方法在【轮廓】按钮右侧框内输入25，按回车键确定，编辑吊灯底座装饰边平面图（图2-80）。

（3）在修改器中选择"挤出"命令，输入挤出"数量"为40 mm，挤出三维模型（图2-81）。

（4）运用"复制""镜像复制""旋转"等命令，复制出其他图形，并在底座四周进行调整（图2-82）。

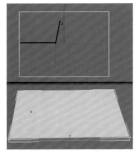 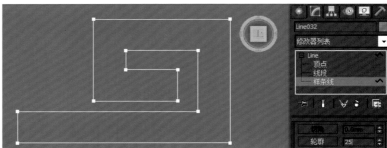

图2-79　　　　　　　　图2-80

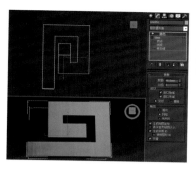

图2-81

图2-82

（5）制作灯筒，执行"创建 > 几何体 > 标准基本体"，单击【长方体】按钮，在顶视图创建一个长宽高为180 mm的长方体作为磨砂玻璃灯罩，并设置长宽分段为3（图2-83）。

（6）在视图中选择灯罩长方体，单击鼠标右键，在弹出的菜单中执行"转换为 > 转换为可编辑多边形"，将长方体转换为可编辑多边形；进入"顶点"层级，用鼠标调整相应的点（图2-84）。

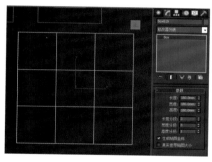

图2-83

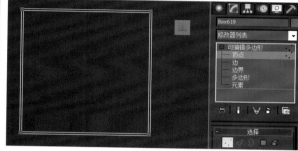

图2-84

（7）进入"多边形"层级，用鼠标选取刚才调整的面向下挤压，创建出三维灯罩（图2-85）。

（8）在左视图创建3个矩形，一个长宽同为200 mm，一个长宽分别为180 mm、100 mm，一个长宽分别为180 mm、70 mm，彼此之间的关系如图2-86所示。

图2-85

图2-86

（9）把任意一矩形转换为可编辑样条线，进入"样条线"层级，单击【附加】按钮，点取另外两个矩形，这时3个矩形便附加在一起（图2-87）。

（10）在修改器中执行"挤出"命令，挤出"数量"为10 mm，效果如图2-88所示。

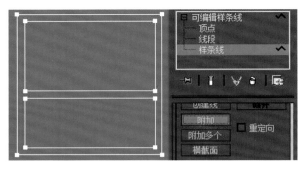

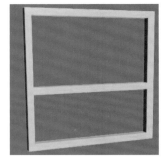

图2-87   图2-88

（11）在左视图创建一直线图形，运用编辑样条线，设置轮廓为6 mm，挤出"数量"为6 mm,创建三维图形（图2-89）。

（12）复制调整（图2-90）。

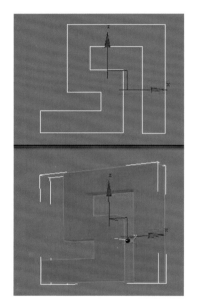

图2-89   图2-90

（13）把做好的灯罩外架复制调整（图2-91）。

（14）把做好的灯罩复制调整到吊灯底座上，效果如图2-92所示。

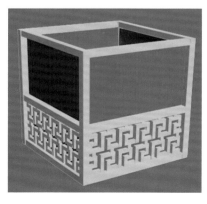

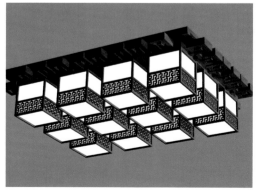

图2-91   图2-92

2.2.9 电视机建模

（1）执行"创建 > 几何体 > 标准基本体"，单击【长方体】按钮，在前视图创建一个长度 750 mm、宽度 1 500 mm、高度 40 mm的长方体作为电视主体（图2-93）。

（2）执行"创建 > 图形 > 样条线"，单击"矩形"按钮，在前视图创建一个长度750 mm、宽度 200 mm的矩形作为电视音箱（图2-94）。

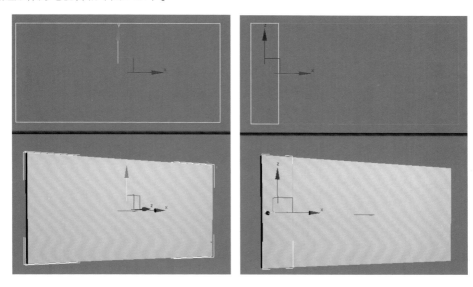

图2-93   图2-94

（3）保持矩形为选取状态，在修改器中选择"倒角"命令，在"倒角值"栏"层级1"下，"高度"输入2 mm，"轮廓"输入-1 mm；"层级2"下，"高度"输入3 mm，"轮廓"输入-4 mm，转化矩形为三维图形（图2-95）。

（4）选择"倒角"图形，单击【对齐】 ▦ 工具，再拾取电视机主体图形，打开"对齐当前选择"面板，设置内容（图2-96）。

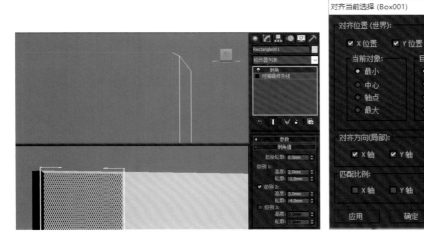

图2-95   图2-96

（5）按住"Shift"键，结合选择【移动】 ✛ 工具，复制音箱并调整（图2-97）。

（6）执行"创建 > 图形 > 样条线"，单击【矩形】按钮，在前视图创建一个长度750 mm、宽度

1 100 mm的矩形作为电视屏幕外框，在"修改"中选择"编辑样条线"命令，将其转换成样条线（图2-98）。

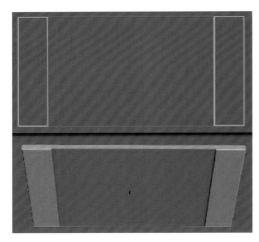

图2-97 图2-98

（7）进入"多边形"层级，在"几何体"栏下的【轮廓】按钮右侧输入参数25，创建出电视屏幕外框（图2-99）。

（8）保持矩形为选取状态，在修改器中选择"倒角"命令，在"倒角值"栏"级别1"下，"高度"输入2 mm，"轮廓"输入-1 mm；"级别2"下，"高度"输入3 mm，"轮廓"输入-2 mm，转化矩形为三维图形（图2-100）。

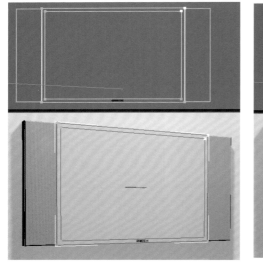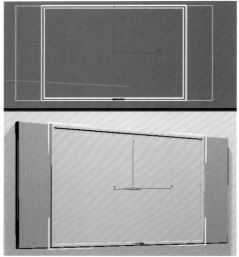

图2-99 图2-100

（9）用矩形在前视图中创建电视屏幕内框，长度700 mm、宽度1 050 mm，运用编辑样条线方法编辑轮廓为15 mm，挤出"数量"为2 mm，转换成三维图形（图2-101）。

（10）执行"创建＞几何体＞标准基本体"，单击"平面"按钮，在前视图创建一个长度670 mm、宽度1 020 mm的平面作为电视屏幕，至此，电视机创建完成（图2-102）。

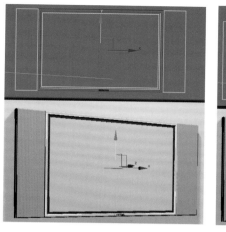

图2-101

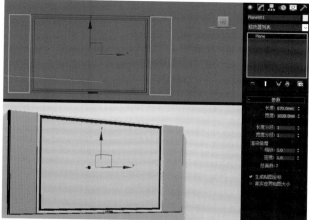

图2-102

（11）编辑材质、贴图及渲染（图2-103）。

图2-103

2.2.10　空调建模

（1）执行"创建＞几何体＞标准基本体"，单击【长方形】按钮，在卷展栏中"键盘输入"栏下，设置长度255 mm、宽度500 mm、高度1 500 mm，在"参数"栏下设置长度分段2、宽度分段7、高度分段8，单击"键盘输入"栏下【创建】按钮，在透视图中创建一个长方体（图2-104）。

（2）同上，再在前视图中创建一个长方体，设置长度30 mm、宽度400 mm、高度700 mm，长度分段2、宽度分段5、高度分段5（图2-105）。

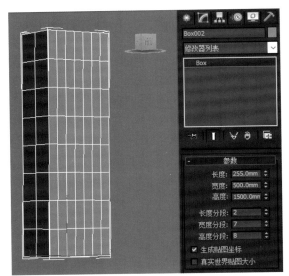

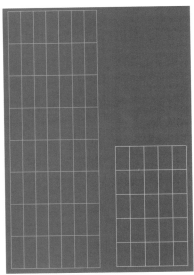

图2-104　　　　　　　　　　　　　　　　　　　　图2-105

（3）调整好两个长方体的位置，选择大的长方体，执行"创建＞几何体＞复合对象"，在"对象类型"中单击【布尔】按钮，在卷展栏的"操作"中选择"差集（A-B）"，单击卷展栏中的【拾取操作对象B】按钮，再单击第二个长方体，布尔效果（图2-106）。

（4）在前视图再创建第3个长方体，长度200 mm、宽度400 mm、高度150 mm；长度分段3、宽度分段6、高度分段4。将它移动到大长方体的上方，同样使用"布尔"建模操作（图2-107）。

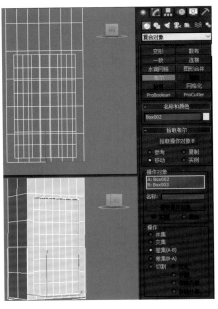

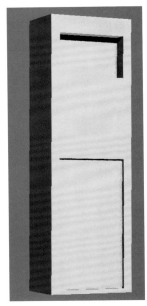

图2-106　　　　　　　　　　　　　　　　　　　　图2-107

（5）在前视图创建一个长度700 mm、宽度400 mm，长度分段50、宽度分段5的平面作为空调滤网（图2-108）。

（6）右击滤网平面，选择"转化为可编辑多边形"，进入"边"的编辑层级，选择所有的边，单击卷展栏中【利用所选内容创建图形】按钮，打开创建图形对话框，进行如下图所示修改，单击【确定】（图2-109）。

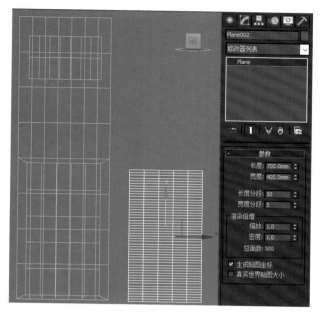

图2-108

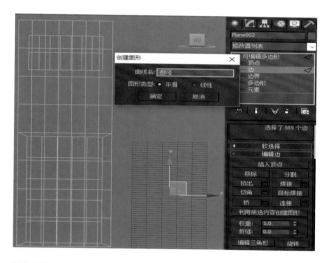

图2-109

（7）退出边的编辑层级，在卷展栏的"渲染"中设置厚度为3 mm。

（8）在顶视图创建一个矩形，长度30 mm、宽度400 mm，转化为可编辑样条线，进入顶点编辑层级，选择卷展栏的"优化"项，分别在矩形两侧的中下方增加两个顶点，然后利用移动工具选择这两对顶点，将图形调整成如图2-110所示。

（9）选择调整好的图形，选择"挤出"修改器命令，设置挤出"数量"5 mm，然后将其移动到空调主体的前上方排冷风处，在左视图中将图形旋转45°并复制5个副本，均匀调整它们的间距（图2-111）。

（10）执行"创建 > 几何体 > 扩展基本体"，单击【切角长方体】按钮，在前视图创建一个长度60 mm、宽度300 mm、高度10 mm、圆角1、长度分段5、宽度分段5、高度分段2、圆角分段3，移动到导风叶下方，再转化为可编辑多边形，进入"多边形"层级，选择中间的多边形，通过卷展栏中的"挤出"为-2 mm（图2-112）。

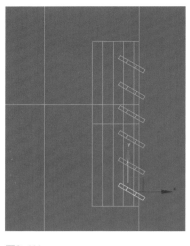

图2-110

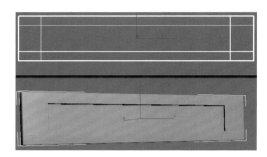

图2-111

图2-112

（11）选择空调机主体，修改器中添加"FFD4×4×4"命令，进入"控制点"层级，调整相应的点（图2-113）。

（12）右击空调机主体，选择转化为"可编辑多边形"，进入"边"的编辑层级，用选择并移动工具配合卷展栏"选择"中的"循环"，选择空调机主体顶面四周的边，单击卷展栏"编辑边"下"切角"右边的方框，打开"切角量"对话框，设置切角量为1（图2-114）。

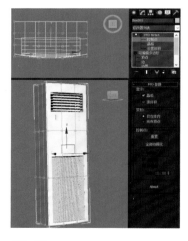

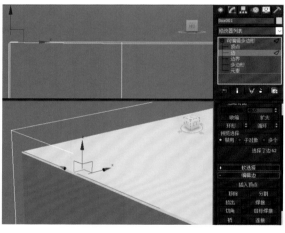

图2-113

图2-114

（13）用同样方法，切角其他边（图2-115）。

图2-115

2.2.11　相框模型

（1）单执行"创建 > 图形 > 样条线"，单击"矩形"按钮，在前视图中创建矩形，作为放样路径（图2-116）。

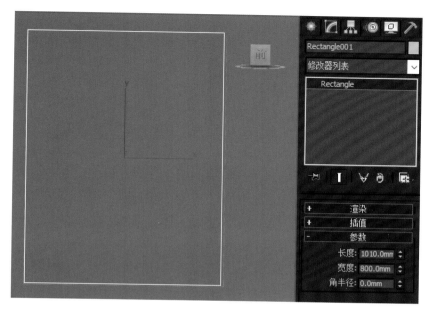

图2-116

（2）执行"创建 > 图形 > 样条线"，单击【直线】按钮，在顶视图中创封闭线形，作为放样图形（图2-117）。

（3）展开直线编辑，在"顶点"层级下，卷展栏"几何体"下单击【优化】按钮，在封闭线形上单击，增加控制点，选择相应的点，单击右键，在弹出的面板上选择"Bezier角点""Bezier""角点""平滑"等命令，调整控制点及线的曲直（图2-118）。

图2-117

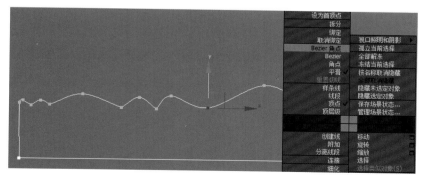

图2-118

（4）在视图中选择矩形，在"修改器列表"中选择"倒角剖面"，在"参数"卷展栏中选择【拾取剖面】按钮，然后在场景中单击拾取放样图形（图2-119）。

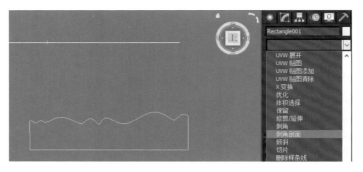

图2-119

（5）如果剖面的方向错误，可以选择集定义为"剖面Gizmo"，在场景中框选模型，并使用"选择并旋转"工具旋转剖面，直至效果满意为止（图2-120）。

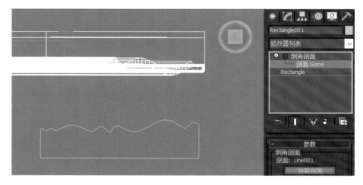

图2-120

（6）在前视图中创建合适的"长方体"作为装饰画，并贴图，最终效果如图2-121、图2-122所示。

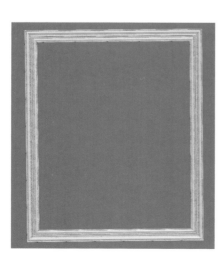

图2-121

图2-122

（7）运用所学知识，创建客厅其他家具物件模型，通过移动调整，简单渲染（图2-123）。

图2-123

2.3

室内卧室建模

2.3.1 飘窗建模

（1）创建窗户上下墙体，下边长方体高为440 mm，上边为390 mm，并与原有的卧室墙体对齐（图2-124）。

（2）执行"创建 > 图形 > 样条线"，单击【线】按钮，打开二维【扑捉开关】 **2.5** ，在顶视图沿飘窗边线绘制一封闭线形，创建飘窗底图形（图2-125）。

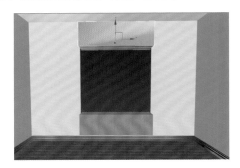

图2-124　　　　　　　　　　　　　　　　　　　　图2-125

（3）运用修改器中的"挤出"命令，对刚才绘制的平面图挤出操作，创建飘窗底三维模型，挤出"数量"为60 mm，并对齐于刚才创建的窗户下长方体，复制挤出的飘窗底三维模型，对齐于窗户上长方体（图2-126）。

（4）执行"创建 > 几何体 > 窗"，单击"固定窗"按钮，在顶视图创建一固定窗，参数设置（图2-127）。

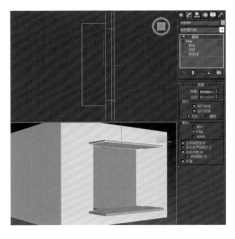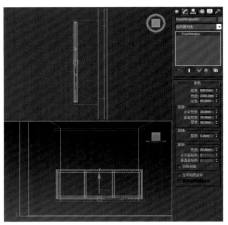

图2-126　　　　　　　　　　　　　　　　　　　　图2-127

（5）用同样的方法，创建第二个固定窗，并转换成"可编辑图形"，在"点"级编辑中间窗格的位置，同时复制该模型，调整位置（图2-128）。

（6）同理，在窗户右侧创建一个固定窗，调整设置（图2-129）。

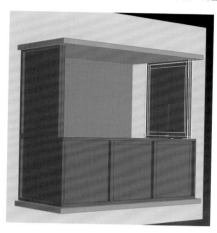 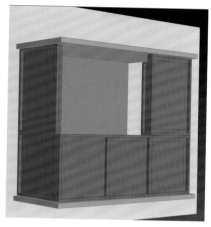

图2-128　　　　　　　　　　　　　图2-129

（7）执行"创建＞几何体＞窗"，单击【推拉窗】按钮，在顶视图创建一个推拉窗，参数设置（图2-130），调整位置，至此飘窗创建完成。

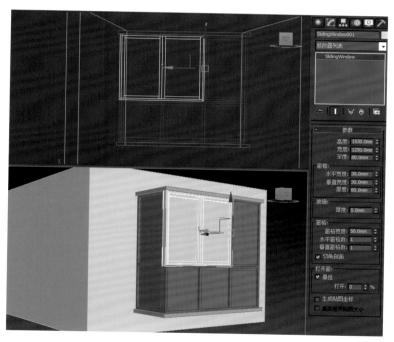

图2-130

2.3.2　吊顶建模

（1）单击二维【捕捉开关】 通过【矩形】按钮在顶视图创建一个与卧室等大的矩形，同时转换其为可编辑样条线，在"样条线"层级的"几何体"栏，在【轮廓】按钮右侧框输入400 mm，回车确定（图2-131）。

（2）在修改器中选择"挤出"命令，设置挤出"数量"为100 mm（图2-132）。

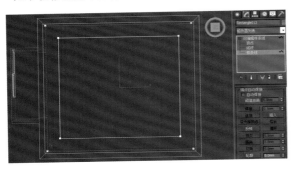

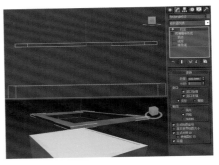

图2-131

图2-132

（3）在顶视图中通过【矩形】按钮在石膏吊顶内侧绘制一矩形作为石膏线的倒角路径，同时绘制一个"长度"为100 mm，"宽度"为60 mm的矩形作为倒角剖面，并通过转换为编辑样条线，对齐进行调整编辑（图2-133）。

（4）选择倒角路径，在"修改器列表"中选择"倒角剖面"命令，在"参数"栏单击【拾取剖面】按钮拾取倒角剖面图形，创建石膏线三维模型（图2-134）。

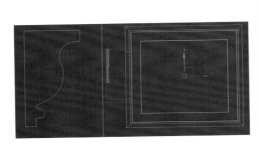

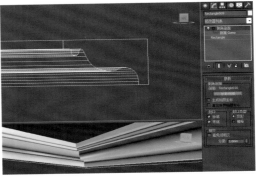

图2-133

图2-134

（5）在工具栏上右键单击【角度捕捉切换】工具，在打开的"栅格和捕捉设置"面板中"角度"项右侧栏输入90°（图2-135）。

（6）选择"倒角剖面"的"剖面Gizmo"级层，运用工具栏上【选择并旋转】工具，向上旋转倒角图形，然后与石膏吊顶对齐（图2-136）。

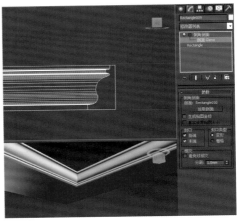

图2-135

图2-136

2.3.3 室内卧室顶灯建模

（1）在顶视图创建矩形，长宽同为650 mm，打开修改器列表，选择"倒角"命令，在"倒角值"栏输入相关参数，创建顶灯底座（图2-137）。

（2）在前视图中绘制线条，样条线编辑"轮廓"，并"挤出"编辑，创建顶灯灯框（图2-138）。

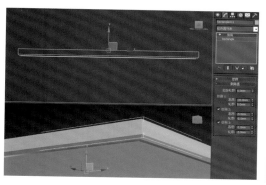
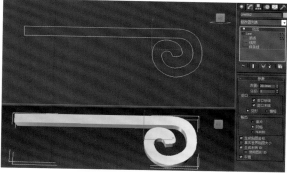

图2-137

图2-138

（3）利用镜像复制和克隆，复制已建部分灯框，调整相应的位置（图2-139）。

（4）在顶视图创建矩形灯框，转换为可编辑样条线，编辑轮廓，再"挤出"修改，创建为三维模型（图2-140）。

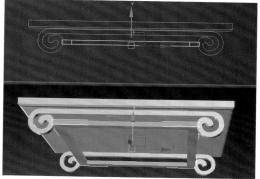

图2-139

图2-140

（5）在前视图中创建圆柱体，作为柱形灯罩，并复制调整（图2-141）。

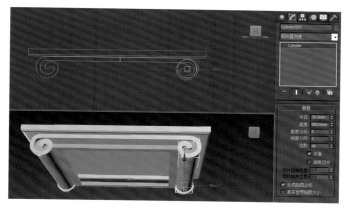

图2-141

（6）在顶视图中创建与矩形灯框等大的长方体，长宽分段为5，高10 mm。转换其为"可编辑多边形"，选择"点"级，在顶视图中调整分段现位置（图2-142）。

（7）选择"多边形"级，在卷展栏"编辑多边形"下，单击【挤出】按钮，在顶视图点选长方体中部多边形，在前视图中用鼠标由上而下挤压（图2-143）。

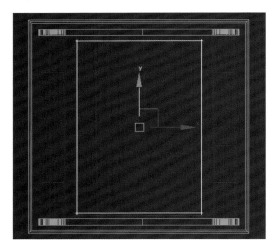 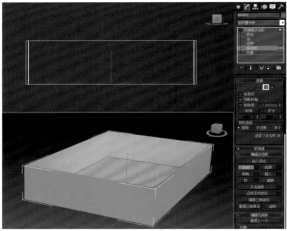

图2-142   图2-143

（8）调整灯座、灯框、灯罩相应位置（图2-144）。

（9）简单渲染（图2-145）。

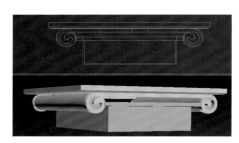 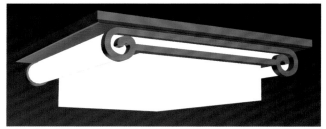

图2-144   图2-145

2.3.4 双人床建模

（1）执行"创建＞图形＞样条线"，单击【线】按钮，在左视图创建高1 100 mm、宽60 mm的封闭线形，通过点击调整（图2-146），创建床头腿轮廓。

（2）在修改器列表中选择"挤出"命令，对轮廓进行挤出操作，挤出"数量"为120 mm（图2-147）。

 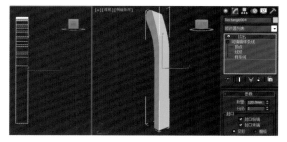

图2-146   图2-147

（3）在左视图中分别创建床头上横梁圆柱体、下横梁长方体，圆柱体的创建参数为长1 820 mm、圆面半径45 mm，长方体的创建参数为1 600 mm×45 mm×60 mm，并调整对齐（图2-148）。

（4）在左视图创建一个圆图形，半径为35 mm，并"转换为可编辑样条线"，"样条线"级下创建12 mm轮廓（图2-149）。

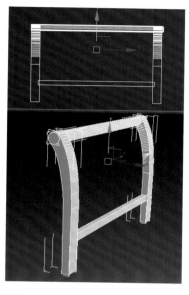

图2-148

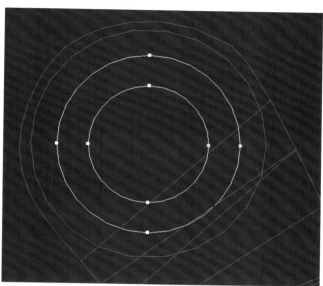

图2-149

（5）选择创建轮廓的样条线，在"修改器列表"中选择"倒角"命令，在倒角层级输入相应的参数，创建装饰圆环（图2-150）。

（6）执行"创建＞几何体＞扩展基本体"，单击【切角长方体】按钮，在前视图创建长500 mm、宽50 mm、高1 600 mm的切角长方体，分段设置为长8、宽3、高3，创建床头靠板（图2-151）。

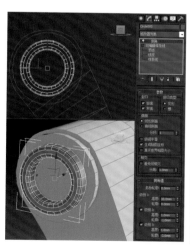

图2-150

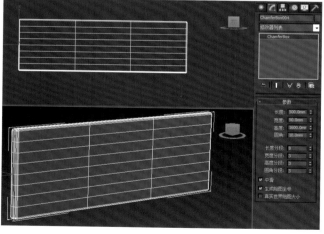

图2-151

（7）在"修改器列表"中选择"FFD4×4×4"命令，在"控制点"层级选择相应的控制点，调整方向创建靠板弧度（图2-152）。

（8）前视图绘制半径5 mm、长1 550 mm圆柱，选择靠板，执行"创建＞几何体＞复合对象"，单击

【布尔】按钮，在"拾取布尔"栏下单击"拾取操作对象"，点取圆柱创建布尔效果（图2-153）。

（9）同理，创建双人床另一床头模型（图2-154）。

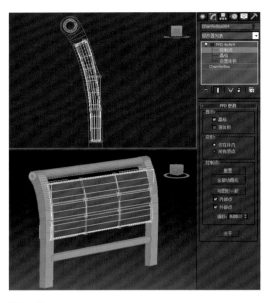

图2-153

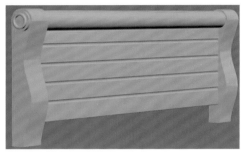

图2-152

图2-154

（10）运用前面的知识，创建双人床其他部件（图2-155）。

（11）在前视图中创建一个切角长方体，长2 000 mm、宽1 800 mm、高220 mm、圆角40 mm，命名为"床垫"，调整其位置（图2-156）。

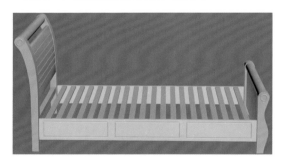

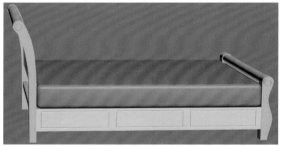

图2-155

图2-156

（12）执行"创建 > 几何体 > 面片栅格"，单击【四边形面片】按钮，在前视图创建长2 000 mm、宽2 000 mm、长分段16、宽分段5的面片，创建床单（图2-157）。

图2-157

（13）在"修改器列表"中选择"编辑面片"命令，选择"顶点"级，鼠标选择相应的点，在前视图中向下拖拽，创建床单下垂效果（图2-158）。

（14）同样在"编辑面片"修改器下选择"顶点"级，鼠标选择相应的点，在顶视图中向左右拖拽，创建床单褶皱效果（图2-159）。

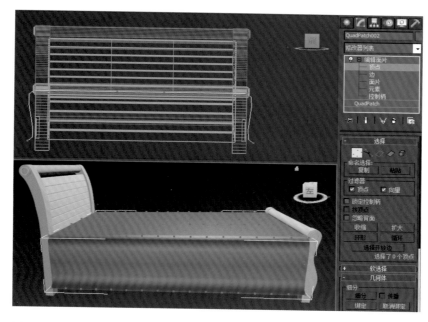

图2-158

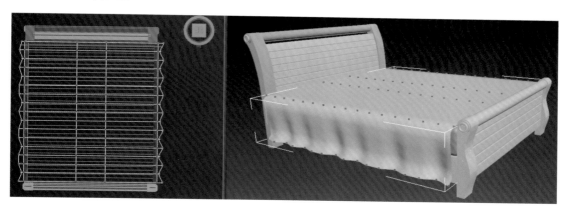

图2-159

（15）左视图中绘制一线条，并设置轮廓为3 mm，作为折单的截面放样图形；在前视图中绘制一折线，作为折单的放样路径（图2-160）。

图2-160

（16）运用已学知识，放样图形效果（图2-161）。

（17）在左视图中创建300 mm×500 mm×120 mm的长方体为枕头，长宽高分段分别为8、11、4（图2-162）。

图2-161

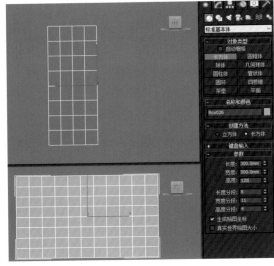

图2-162

（18）在"修改器列表"中选择"FFD长方体"命令，在"FFD参数"栏下，单价【设置点数】按钮，在弹出的"设置FFD尺寸"卷展栏中，设置点数长度为8、宽度为11、高度为4（图2-163）。

（19）在"FFD长方体"下运用"控制点"在顶视图和前视图中调整长方体四周的点（图2-164）。

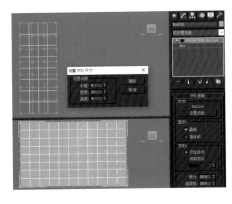

图2-163

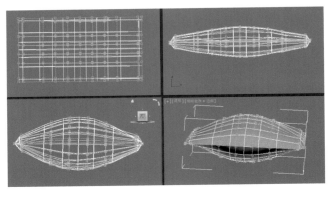

图2-164

（20）同种方法创建抱枕，复制调整，简单渲染（图2-165）。

图2-165

2.3.5　室内卧室壁灯建模

（1）运用矩形工具、转换成可编辑样条线、挤出工具等创建壁灯底座（图2-166）。

（2）运用矩形工具、线工具、圆形工具，转换成可编辑样条线、挤出工具等创建壁灯挂架和装饰格（图2-167）。

图2-166　　　图2-167

（3）用直线工具在前视图中绘制样条线，并在"顶点"级用鼠标调整相应的点，创建"车削"修改线（图2-168）。

（4）保持线条的选择状态，在"修改器列表"中选择"车削"命令，并在"轴"级拖拽坐标X轴，调整车削后灯座的形态（图2-169）。

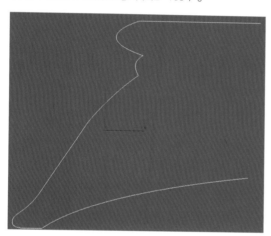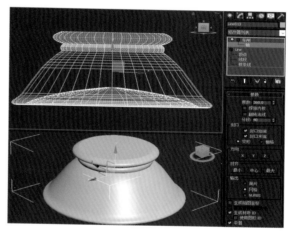

图2-168

图2-169

（5）执行"创建 > 图形 > 样条线"，单击【圆】按钮，在顶视图创建半径100 mm的正圆作为壁灯外框的圆环，并与灯座中心对齐（图2-170）。

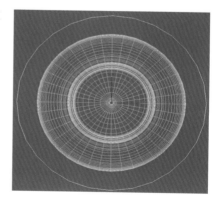

图2-170

（6）将圆转换成可编辑样条线，轮廓20 mm，然后在"编辑器列表"材中选择"倒角命令，设置倒角参数及编辑效果（图2-171）。

（7）用"线"绘制壁灯框支柱，编辑样条线、挤出编辑（图2-172）。

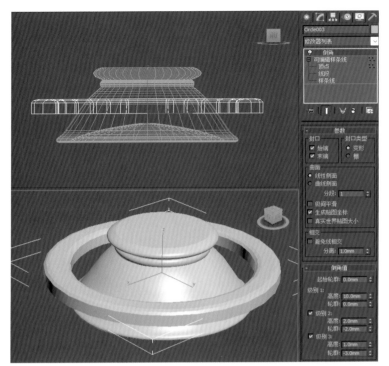

图2-171

图2-172

（8）激活顶视图，选择灯框支柱，执行"层次 > 轴 > 仅影响轴"按钮，显示支柱轴。保持支柱选取状态，单击【对齐】工具，鼠标单击图中大圆，在弹出的对话框中三个轴同选，当前及目标对象都选"中心"，这时支柱中心轴和大圆中心轴对齐（图2-173）。

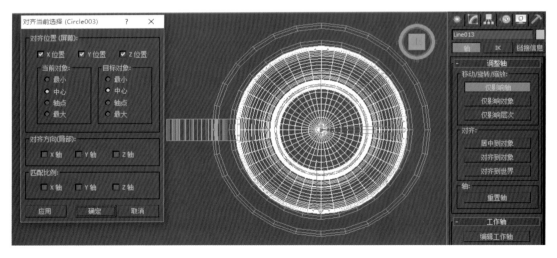

图2-173

（9）保持支柱选取状态，在菜单栏中单击"工具"菜单，在展开的"工具"菜单中单击"阵列"命令，打开"阵列"面板，面板设置如图2-174所示。

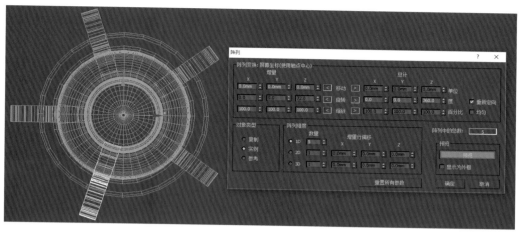

图2-174

（10）确定"阵列"，并调整阵列后的支柱（图2-175）。

（11）运用已学知识，创建壁灯灯框其他部分（图2-176）。

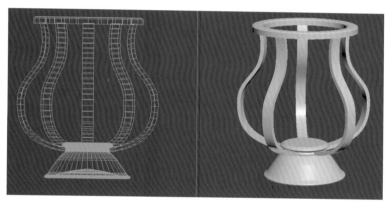

图2-175

图2-176

（12）用线工具绘制灯罩车削线，并设置轮廓1 mm，然后车削编辑（图2-177）。

（13）最后组装调整，中式的壁灯创建完成（图2-178）。

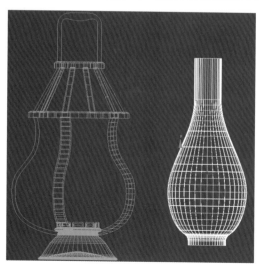

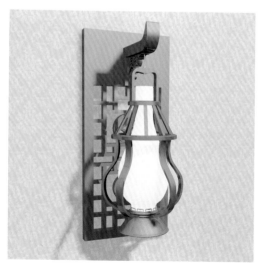

图2-177

图2-178

2.3.6 床头柜建模

（1）运用"切角长方体"工具，在前视图中创建一长度400 mm、宽度550 mm、高度35 mm、圆角0.5 mm的切角长方体，作为床头柜柜面（图2-179）。

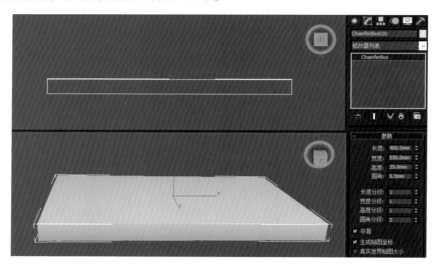

图2-179

（2）用放样编辑方法创建床头柜柜面前的横梁（图2-180）。

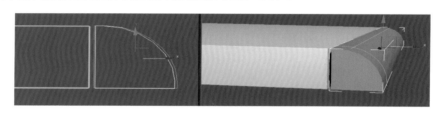

图2-180

（3）创建一切角长方体，长50 mm、宽40 mm、高460 mm、圆角0.5 mm，分段长4、宽4、高6，作为床头柜前腿，并在"修改器列表"中选择"FFD（长方体）"，设置相应"设置点数"，在"控制点"层级调整相应的点（图2-181）。

（4）运用长方体及倒角长方体创建床头柜其他横梁和挡板（图2-182）。

（5）用"切角长方体""FFD（长方体）"修改器"布尔"命令、"克隆"命令等创建床头柜抽屉（图2-183）。

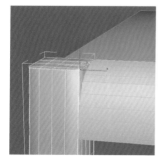

图2-181

图2-182

图2-183

（6）最后，床头柜与床组合，简单渲染（图2-184）。

图2-184

2.3.7　室内卧室窗帘建模

（1）执行"创建＞图形＞样条线"，单击【线】按钮，在顶视图中绘制一条曲线，作为窗帘的放样截面线；在前视图中绘制一条直线，作为放样路径（图2-185）。

（2）在前视图中选择绘制的直线，执行"创建＞几何体＞复合对象"，单击【放样】按钮，在"创建方法"卷展栏中单击【获取图形】按钮，然后选择视图中绘制的曲线生成放样物体（图2-186）。

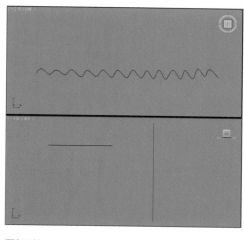

图2-185

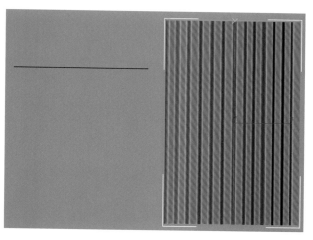

图2-186

（3）进入"修改"命令面板，将"蒙皮参数"下的"图形步数"修改为1；再选择"变形"卷栅栏下的【缩放】按钮，弹出"缩放变形"对话框，在控制线上添加一个控制点，然后调整它的形态（图2-187）。

（4）在修改器堆栈栏中选择放样下的"图形"子物体层级，在视图中选择位于窗帘顶部的剖面曲线，然后单击"对齐"下的【左】或【右】按钮，目的是让路径偏离形体一端，其形态如图2-188所示。

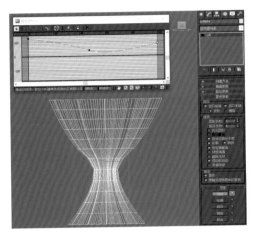

图2-187

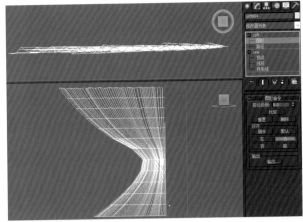

图2-188

（5）关闭"图形"子物体层级，选择窗帘，在修改器中选择"涡轮平滑"命令，在"涡轮平滑"栏设置"迭代次数"为4，修改图形光滑程度（图2-189）。

（6）单击工具栏中的【镜像】按钮，此时弹出"镜像"对话框，选择X轴，"偏移"设置为-600，在"克隆当前选择"下选择"实例"，然后单击【确定】按钮（图2-190）。

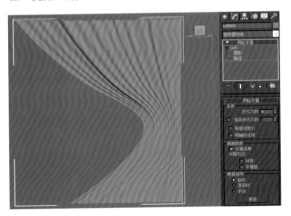

图2-189

图2-190

（7）用同样的方法，创建拖尾窗帘和其他部分（图2-191）。

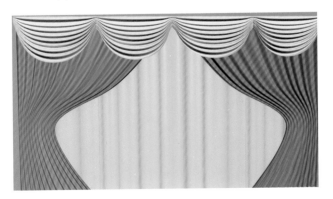

图2-191

（8）在顶视图用"线"工具，创建一"U"形线形，作为窗帘上木质挡板（图2-192）。

（9）利用样条线轮廓，创建挡板厚度为10 mm，再用修改器"挤出"命令，挤出"数量"30 mm为挡板高度（图2-193）。

图2-192

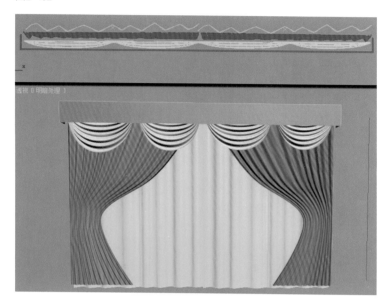

图2-193

2.3.8　梳妆台建模

（1）执行"创建 > 几何体 > 扩展基本体"，单击【切角长方体】按钮，在前视图中绘制一切角长方体，作为梳妆台的桌面，具体参数如图2-194所示。

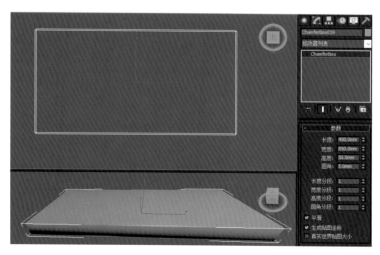

图2-194

（2）执行"创建＞图形＞样条线"，单击【矩形】按钮，在左视图中绘制一矩形，长为120 mm、宽为800 mm，并转换成样条线，在"顶点"级下添加控制点，并进行调整，作为梳妆台的一侧桌腿（图2-195）。

（3）保持桌腿图形为选择状态，进入"修改"命令面板，选择"挤出"命令，挤出"数量"设置为50 mm，同方法创建支撑架（图2-196）。

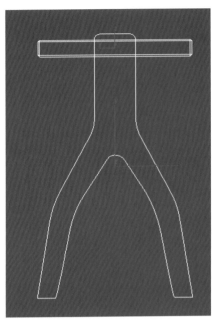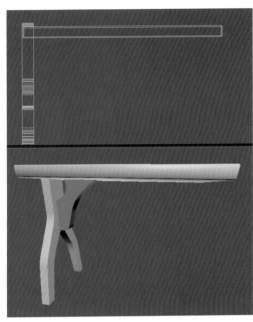

图2-195 　　　　　　　　　　　　　　　图2-196

（4）执行"创建＞几何体"，运用"标准基本体"下的"长方体"和"扩展基本体"下的"切角长方体"创建梳妆台抽屉柜，并运用"布尔"工具创建抽屉扣手（图2-197）。

（5）参照步骤（2）和步骤（3），创建梳妆台桌面与抽屉柜之间的支撑架（图2-198）。

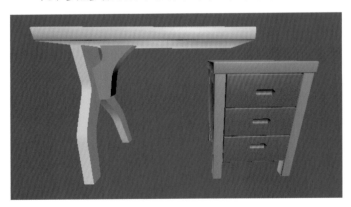

图2-197 　　　　　　　　　　　　　　　　　　　　图2-198

（6）执行"创建＞几何体＞扩展基本体"，单击【切角长方体】按钮，在前视图中创建一切角长方体，为梳妆台镜框一侧，具体创建参数（图2-199）。

（7）打开"修改器列表"，选择"FFD（长方体）"命令，在"FFD参数"栏"尺寸"下单击【设置点数】按钮，在打开的"设置FFD尺寸"面板中设"设置点数"的"长度"为7，并且运用"控制点"调整图形的弯曲度（图2-200）。

图2-199

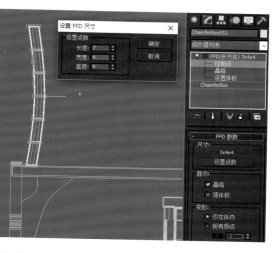

图2-200

（8）运用（6）和（7）类似的方法步骤，创建上侧镜框，并在修改器中运用"涡轮平滑"命令，对镜框图形进行平滑处理，同时进行复制调整（图2-201）。

（9）执行"创建＞几何体＞扩展基本体"，单击【切角圆柱体】按钮，在顶视图中创建一切角圆柱体，作为圆凳的凳面及凳座，设置具体参数（图2-202）。

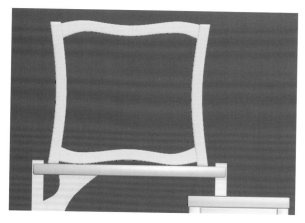

图2-201

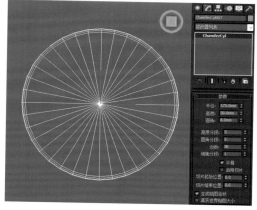

图2-202

（10）运用（6）和（7）类似的方法步骤，创建圆凳支撑架，并在修改器中运用"涡轮平滑"命令，对支撑架图形进行平滑处理（图2-203）。

（11）参照2.3.5"室内卧室壁灯建模"中步骤（8）（9）（10）的方法，运用"阵列"命令，阵列12个支撑架，并复制凳面创建凳座（图2-204）。

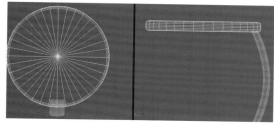

图2-203

图2-204

（12）执行"创建＞几何体＞标准基本型"，单击【几何球体】按钮，在顶视图中创建一个半球体，相关参数设置如图2-205所示。

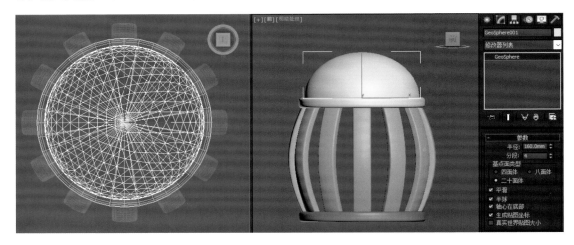

图2-205

（13）保持半圆体选择状态，选择【选择并均匀缩放】工具 ，按住鼠标沿着"Y"轴向下压缩（图2-206）。

（14）最后调整梳妆台各个部分位置，选择合适的角度（图2-207）。

图2-206

图2-207

2.3.9　落地衣架建模

（1）执行"创建"＞图形＞样条线"，分别单击【线】【圆】按钮，在前视图中绘制一高度1 800 mm的垂直直线，作为落地衣架的放样路径；在顶视图中绘制一半径22.5 mm的正圆，作为落地衣架的放样图形（图2-208）。

（2）以直线为放样路径，圆形为放样图形，参照前面的放样方法，放样圆柱体（图2-209）。

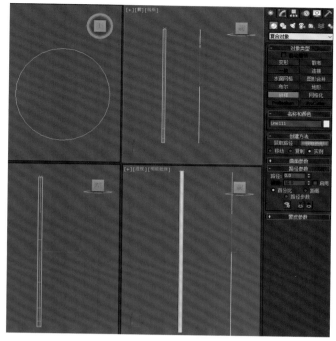

图2-208

图2-209

（3）转换到"修改器列表"，选择放样图形,在"Loft"下"变形"栏，单击【缩放】按钮，打开"缩放变形"框，运用【插入角点】工具 ※在直线上添加角度，同时运用【移动控制点】工具 ✥，结合如图2-210所示右键单击"角度"弹出的命令进行移动调整（图2-211）。

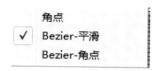

图2-210

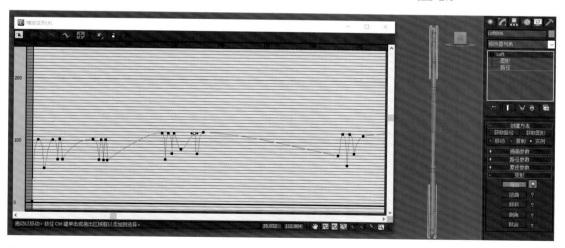

图2-211

（4）执行"创建 > 图形 > 样条线"，单击【线】按钮，在左视图中创建衣架上端的挂钩轮廓，并在修改器中运用"顶点"级调整其圆滑度（图2-212）。

（5）为轮廓挤出"数量"为15 mm，参照前文"阵列"步骤，创建6个衣架挂钩（图2-213）。

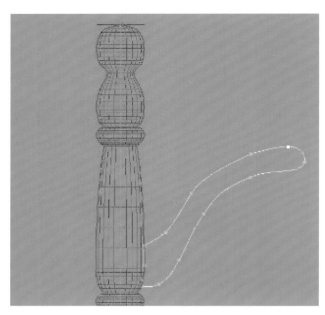

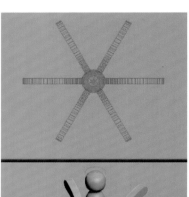

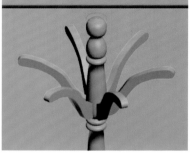

图2-212　　　　　　　　　　　　　　　　　　　　　　　图2-213

（6）执行"线"工具，在前视图中创建一开放线形，为挂钉"车削"线（图2-214）。

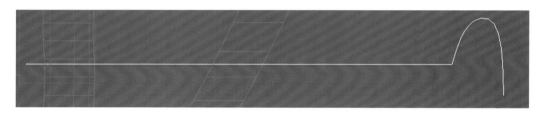

图2-214

（7）打开"修改器列表"，选择"车削"命令，在"轴"层级下"方向"栏单击【X】按钮，并用鼠标上下调整挂钉的粗细，并对齐"阵列"编辑（图2-215）。

（8）同理创建衣架中部的挂钉（图2-216）。

（9）按照创建衣架顶部挂钩的方法，创建底部衣架腿，其中轮廓挤出"数量"为20 mm（图2-217）。

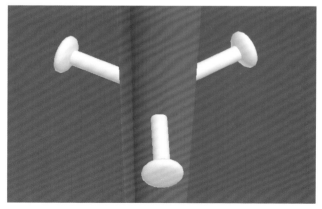

图2-215　　　　　　　　　　图2-216　　　　　　　　　　　　　　图2-217

（10）调整卧室各家具部件，并简单渲染（图2-218）。

图2-218

2.4

室内厨房建模

2.4.1 下方橱柜建模

（1）导入厨房墙体，按照门窗的创建方法，创建门窗（图2-219）。

（2）在顶视图中，用"线"工具，依据CAD平面图的尺寸，创建一个宽度为550 mm的二维线形（2-220）。

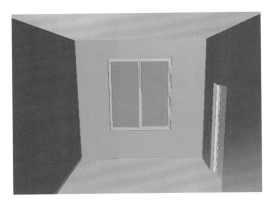

图2-219

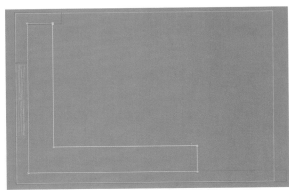

图2-220

（3）打开"修改器列表"，添加"倒角"命令，在"倒角值"一栏，设置层级1：高度5，轮廓5；层级2：高度30，轮廓0；层级3：高度5，轮廓-5，命名为"台面"，调整其位置（图2-221）。

（4）在前视图中绘制矩形，设置长650 mm、宽700 mm，然后"转换成可编辑样条线"，并在"样条线"层级下"几何体"栏设置轮廓为20 mm（图2-222）。

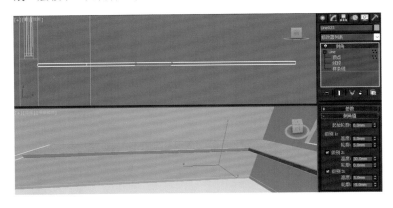

图2-221

图2-222

（5）在"修改器列表"中选择"挤出"命令，挤出"数量"为530 mm，命名为"橱柜框"，并调整其位置（图2-223）。

（6）用同样的方法，在前视图和左视图中创建其他的橱柜框（图2-224）。

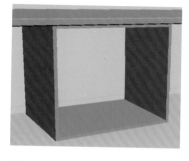

图2-223

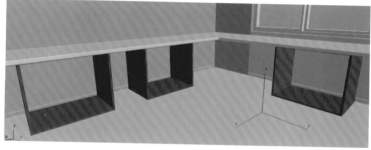

图2-224

（7）在前视图创建一个切角长方体，长度215 mm、宽度740 mm、高度20 mm、圆角3 mm，各分段为1，取消勾选"平滑"，命名为"柜子"，调整其位置（图2-225）。

（8）在左视图中，选择"柜子"，以"复制"方式沿X轴移动复制1个，调整其长度为15 mm、宽度为500 mm，并调整其位置，命名为"把手"（图2-226）。

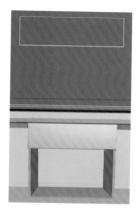

图2-225

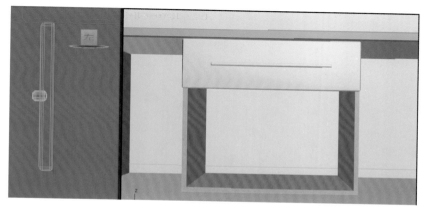

图2-226

（9）在前视图和左视图分别复制"柜子"和"把手"，并调整好位置（图2-227）。

（10）在前视图创建一个切角长方体，长度650 mm、宽度400 mm、高度20 mm、圆角5 mm，各分段为1，取消勾选"平滑"，命名为"柜门"。同时创建一小切角长方体，命名"柜门把手"，调整它们的位置（图2-228）。

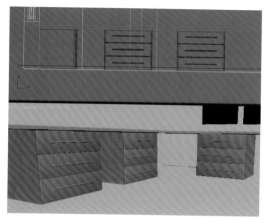

图2-227

图2-228

（11）调整各个部分，完成落地橱柜整体效果（图2-229）。

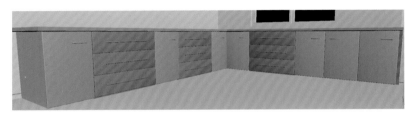

图2-229

2.4.2　室内油烟机与吊柜建模

（1）在顶视图绘制一个矩形，长度200 mm、宽度250 mm、角半径40 mm，并添加"挤出"命令，挤出"数量"为800 mm，作为油烟机筒，调整其位置（图2-230）。

（2）在左视图绘制一个长度200 mm、宽度450 mm的矩形，并转换成可编辑样条线，在修改器"可编辑—条线"下"顶点"层级调整矩形形状，作为油烟机侧剖面（图2-231）。

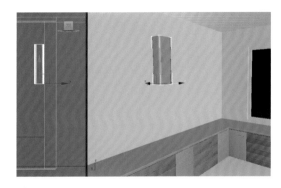

图2-230

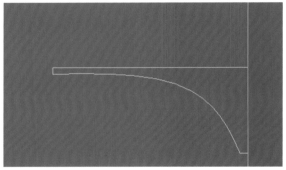

图2-231

（3）打开修改器列表，在列表中选择"挤出"命令，挤出"数量"设置为800 mm（图2-232）。

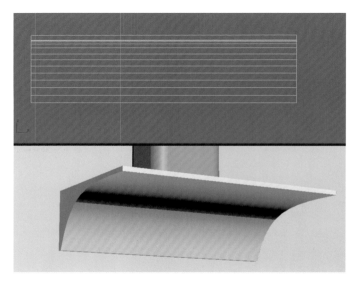

图2-232

（4）在顶视图创建一个切角圆柱体，半径80 mm、高度12 mm、圆角2 mm，边数36，命名为"抽烟口"，在左视图中沿Z轴旋转一定的角度并调整其位置，并在顶视图中沿X轴以"实例"方式移动复制1个，调整其位置（图2-233）。

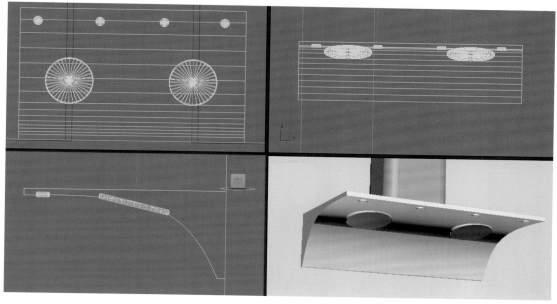

图2-233

（5）在前视图中绘制1个矩形，长1 000 mm、宽400 mm，"转换成可编辑样条线"后，添加"轮廓"20 mm，并挤出"数量"为300 mm，命名为"立柜"，调整其位置（图2-234）。

（6）用同样的方法创建其他立柜，并复制调整（图2-235）。

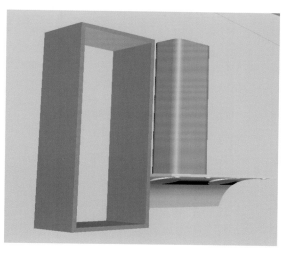

图2-234

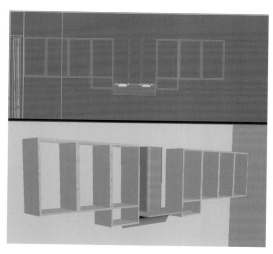

图2-235

（7）在前视图创建一个切角长方体，长度706 mm、宽度400 mm、高度30 mm、圆角2 mm，长宽分段为5，命名为"柜门"，调整其位置（图2-236）。

（8）选择切角长方体，转换为"可编辑多边形"，运用"顶点"层级调整长宽分段位置，再选择"多边形"层级，按住"Ctrl"键，同时选取4个需要挤压的边面，并在"编辑多边形"栏【挤出】按钮右侧单击【设置】按钮，在弹出的"编辑多边形"浮动栏中输入挤出"高度"为−5 mm（图2-237）。

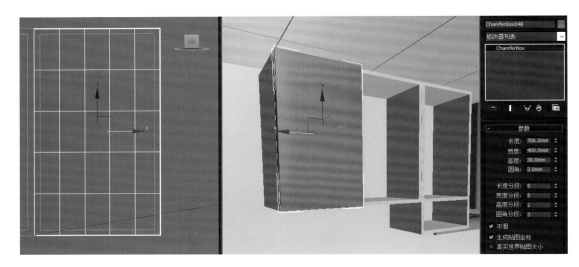

图2-236

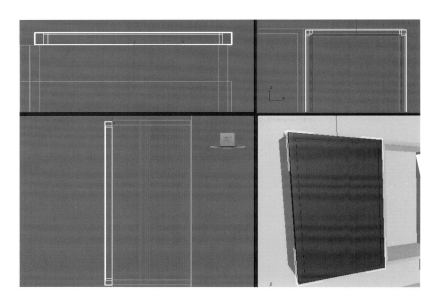

图2-237

（9）复制调整其他柜门，并复制地柜柜门把手与上立柜为把手（图2-238）。

（10）在左视图中创建2个长方体，长度30 mm，宽度分别为800 mm、1 000 mm，高度220 mm，命名为"隔板01""隔板02"，调整其位置（图2-239）。

图2-238

图2-239

2.4.3　吸顶灯建模

（1）执行"创建＞图形＞样条线"，用"圆"工具在顶视图中绘制半径300 mm的正圆，用"线"工具在前视图中绘制一封闭线形，高度60 mm，分别作为吸顶灯底座放样路径与图形（图2-240）。

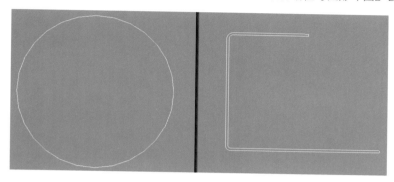

图2-240

（2）选择正圆，执行"创建＞几何体＞复合对象"，以正圆为放样路径，以轮廓直线为放样图形，创建三维灯座（图2-241）。

（3）在前视图绘制一开放线形为灯罩剖面，并在修改器列表下选择线"顶点"层级，调整灯罩剖面线形（图2-242）。

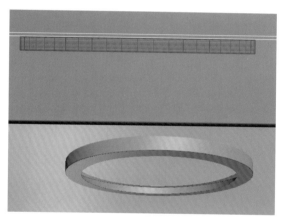

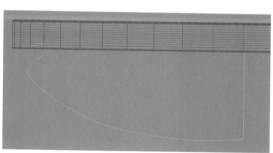

图2-241

图2-242

（4）打开修改器列表，选择"车削"修改命令，在车削下"参数"栏"对齐"框单击【最大】按钮，创建灯罩三维图形（图2-243）。

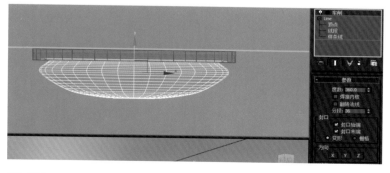

图2-243

2.4.4 煤气灶建模

（1）执行"创建＞几何体＞扩展基本体"，用"切角长方体"工具在顶视图中创建长730 mm、宽410 mm、高15 mm、圆角3 mm的切角长方体，命名为"灶面板"（图2-244）。

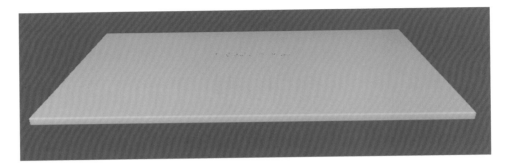

图2-244

（2）用"矩形"工具在顶视图创建长宽为200 mm的正方形，转换成可编辑样条线，并设置"轮廓"10 mm，继而用"倒角"修改器编辑正方形，设置"倒角值"栏层级1：高度1 mm、轮廓1 mm；层级2：高度5 mm、轮廓0，命名为"炉架底座1"（图2-245）。

图2-245

（3）用"圆"工具在顶视图创建半径为75 mm的正圆形，用"倒角"修改器编辑正圆形，设置"倒角值"栏层级2：高度3 mm、轮廓0；层级3：高度1 mm、轮廓-3 mm，命名为"炉底"（图2-246）。

（4）创建半径为50 mm的正圆形，转换可编辑样条线，设置"轮廓"10 mm，用"挤出"修改器命令，编辑正圆，挤出"数量"为20 mm，命名为"炉体1"（图2-247）。

（5）用"圆"工具在顶视图创建半径为50 mm的正圆形路径，"线"工具在前视图创建闭合线形（图2-248）。

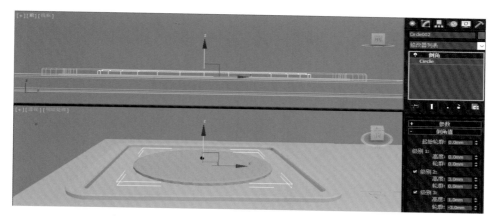

图2-246

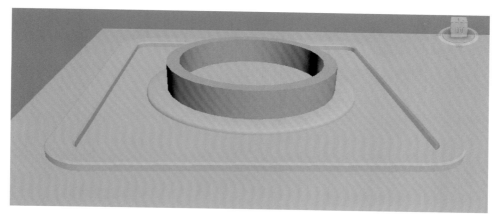

图2-247

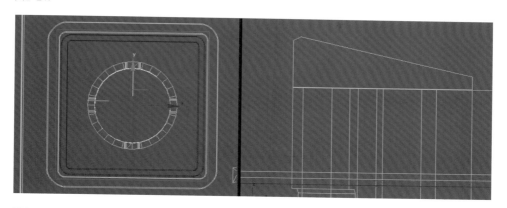

图2-248

（6）执行"创建 > 几何体 > 复合对象"，单击【放样】按钮，以圆形为放样路径，以闭合线形为放样图形，创建三维图形，命名为"炉体2"（图2-249）。

（7）用"布尔"命令处理炉体上的透气孔（图2-250）。

（8）参照本节（2）步骤方法，在顶视图创建长宽180 mm的正方形，转换成可编辑样条线，并设置"轮廓" 6 mm，设置"倒角"修改器"倒角值"栏层级2：高度2 mm、轮廓0；层级3：高度1 mm、轮廓-1 mm，命名为"炉架底座2"（图2-251）。

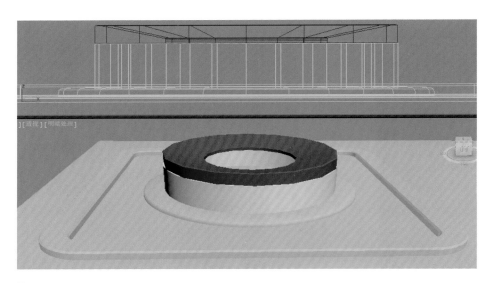

图2-249

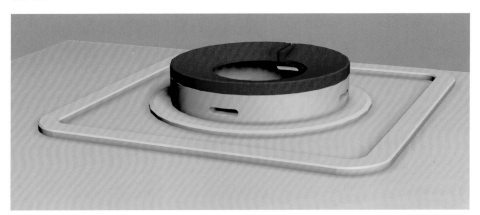

图2-250

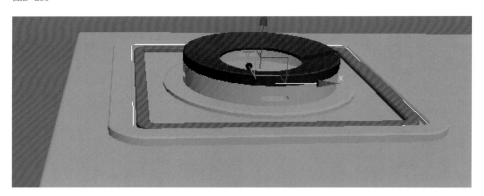

图2-251

（9）用"线"工具在前视图绘制封闭线形（图2-252）。

（10）"挤出"封闭线形，"数量"设置为4 mm，命名为"炉架"，然后用"对齐"和"阵列"工具复制、编辑调整4个炉架（图2-253）。

（11）运用"圆柱""车削"等方法编辑"炉芯"，并对齐调整它们的位置（图2-254）。

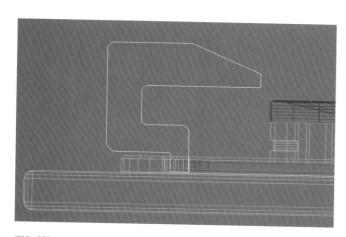

图2-252

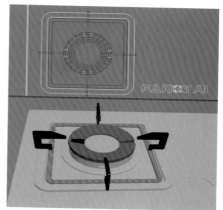

图2-253

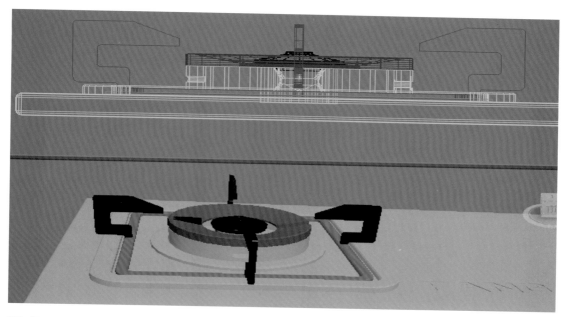

图2-254

（12）用圆柱、切角长方体等工具创建"开关旋钮"，然后复制、对齐相关模型（图2-255）。

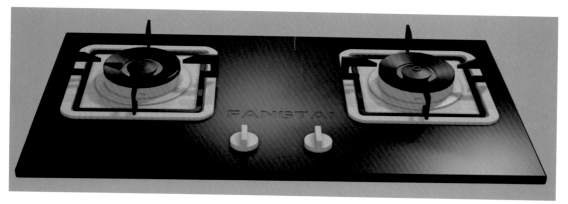

图2-255

2.4.5 洗菜盆建模

（1）执行"创建＞图形＞样条线"，用"矩形"工具在顶视图创建长450 mm、宽810 mm、角半径10 mm的矩形，作为洗菜盆的整体轮廓（图2-256）。

（2）同样用"矩形"工具创建两个矩形，大矩形长宽为380 mm，小矩形长310 mm、宽320 mm，二者角半径均为90 mm，分别命名为"大菜盆"和"小菜盆"，并复制双份备用（图2-257）。

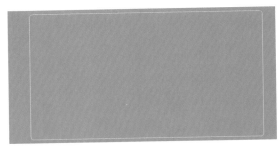

图2-256

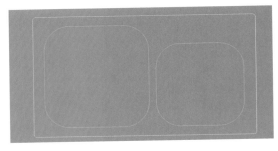

图2-257

（3）选择外矩形轮廓，将其转换成可编辑样条线，在"几何体"栏单击【附加】按钮，分别点选"大菜盆""小菜盆"，将三者附加成一个整体，命名为"菜盆"（图2-258）。

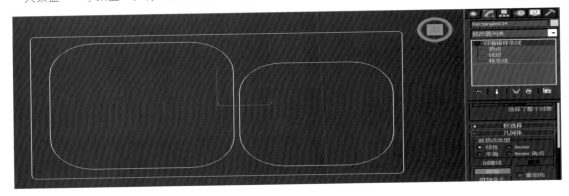

图2-258

（4）选择图形，在"修改器列表"中选择"倒角"命令，设置倒角层级2：高度20 mm、轮廓0；层级3：高度1 mm、轮廓-2 mm（图2-259）。

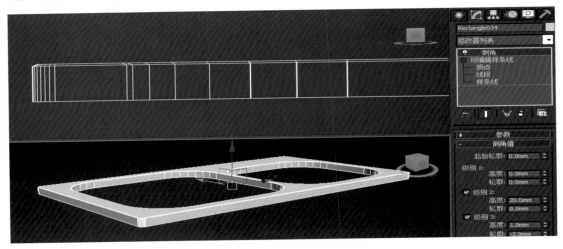

图2-259

（5）分别选择步骤（2）备份的大小矩形，并分别将其转换成可编辑样条线，在"样条线"下"几何体"栏编辑"轮廓"均为5 mm，然后将它们"挤出"，"数量"设置为180 mm（图2-260）。

（6）选择步骤（2）另一组大小矩形的备份，分别将它们"挤出"编辑，挤出"数量"为5 mm，分别命名为"大盆底""小盆底"并将它们与相应的"菜盆"底部对齐（图2-261）。

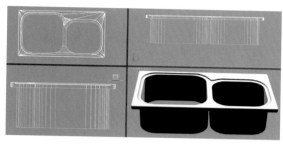

图2-260

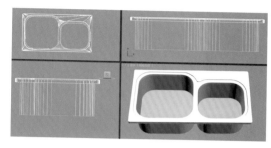

图2-261

（7）在顶视图创建一个半径为45 mm、长为100 mm的圆柱，并将其置于"大盆底"中间。选择"大盆底"，执行"创建>几何体>复合对象"，编辑"布尔"命令，创建盆底下水孔（图2-262）。

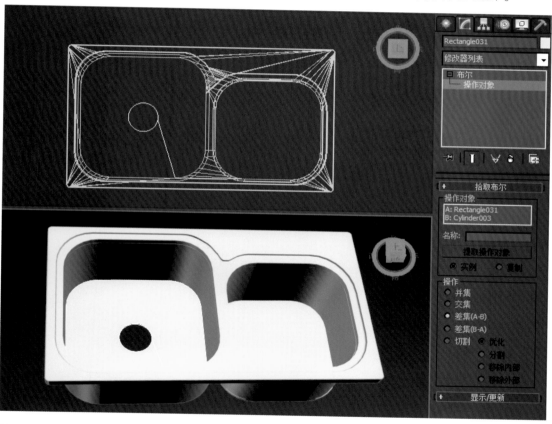

图2-262

（8）同理，创建"小菜盆"盆底下水孔（图2-263）。

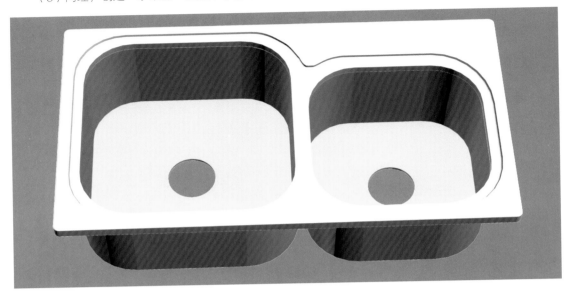

图2-263

2.4.6　水龙头建模

（1）在顶视图创建两组二维图形。第一组六边形组合圆：六边形半径35 mm，角半径3 mm；圆半径25 mm。第二组圆环：大圆半径28 mm，小圆半径25 mm。分别附加两组图形（图2-264）。

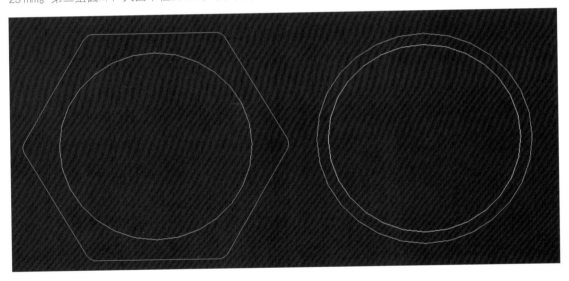

图2-264

（2）在前视图中创建50 mm高的直线，选择此直线，执行"创建 > 几何体 > 复合对象"，单击【放样】按钮，在"路径参数"栏设置"路径"为50，单击【获取图形】按钮，然后鼠标拾取六边形组图，创建六边形三维造型（图2-265）。

（3）更改"路径参数"栏设置"路径"为40，单击【获取图形】按钮，再拾取圆环形，创建六边形上部圆形三维造型，并将整体造型命名为"水龙头底座"（图2-266）。

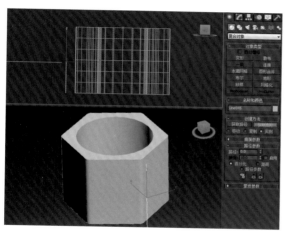

图2-265

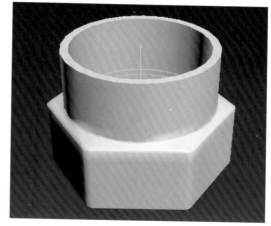

图2-266

（4）执行"创建＞图形＞样条线"，单击【圆环】按钮，在顶视图创建圆环图形，设置半径1为22 mm，半径2为25 mm，同时在修改编辑器中运用"挤出"命令对圆环进行挤出操作，挤出"数量"为150 mm，并命名为"龙头管"，调整好位置（图2-267）。

（5）同样用"放样"的方法创建水龙头（图2-268）。

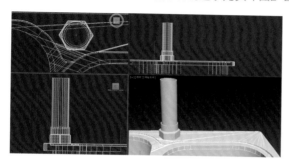

图2-267

图2-268

（6）执行"创建＞几何体＞标准基本体"，单击【圆柱体】按钮，在顶视图创建圆柱，设置半径25 mm、高40 mm、高度分段5、边数36，命名为"开关"，并与水管中心对齐（图2-269）。

（7）选择"开关"柱体，单击右键打开浮动面板，选择"转换为：可转换为可编辑多边形"，在"可编辑多边形"下"多边形"层级，按住"Ctrl"键多选柱体上的多边形（图2-270）。

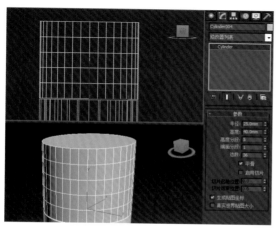

图2-269

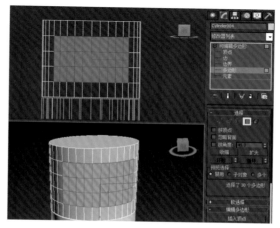

图2-270

（8）在"几何体"栏，单击"挤出"后面的按钮，打开"挤出多边形"浮动框，设置挤出"高度"为10 mm，连续挤出12次，创建开关手柄原始三维图形（图2-271）。

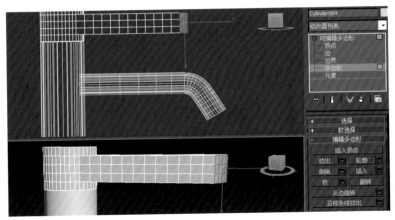

图2-271

（9）打开"修改器列表"，选择"FFD（长方体）"命令，设置长、宽、高的点数分别为18、4、4，并在"控制点"层级，分别在左视图、顶视图调整点的位置（图2-272）。

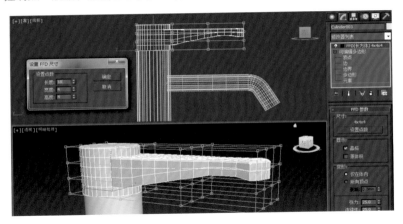

图2-272

（10）调整水龙头各部件之间的关系，以所学知识，创建其他部件，最后效果如图2-273所示。

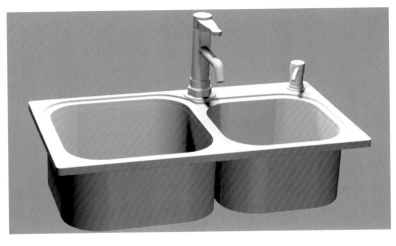

图2-273

2.4.7 电饭煲建模

（1）执行"创建＞图形＞样条线"，单击【线】按钮，在右视图创建4个封闭的线形，分别为电饭煲的外壳、内胆、上盖、底座半剖面图（图2-274）。

（2）选择"外壳"图形，在"修改器列表"中选择"车削"命令，多数设置360，分段设置36，单击【最大】按钮，创建"外壳"三维模型。同理，创建其他3个三维模型（图2-275）。

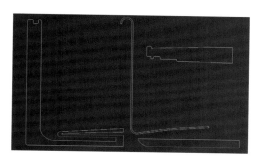

图2-274   图2-275

（3）分别选择上盖、内胆、底座，与外壳中心对齐，并且调整上下的位置（图2-276）。

（4）执行"创建＞几何体＞扩展基本体"，单击【切角长方体】按钮，在前视图创建切角长方体，长度100 mm、宽度120 mm、高度3 mm、圆角1 mm，宽度分段为6（图2-277）。

图2-276   图2-277

（5）激活顶视图，选择切角长方体，打开"修改器列表"，选择"弯曲"修改命令，在"弯曲轴"栏点选"X"选项，在"参数"栏，用鼠标按住"角度"选项后面的下箭头，调整参数值，一直持续到顶视图中切角长方体弯曲程度合适，松开鼠标，创建切角长方体的曲面（图2-278）。

（6）通过复制、调整大小、布尔运算、对齐等操作，最后将切角长方体命名为"电子面板"（图2-279）。

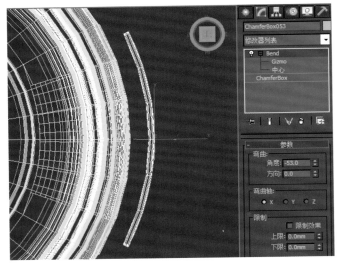
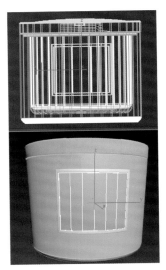

图2-278

图2-279

（7）用"线"工具在顶视图绘制一弧线，在左视图中绘制一封闭线形，作为电饭煲顶盖"手扣"装饰放样路径和图形（图2-280）。

（8）选择顶视图的弧线，执行"创建 > 几何体 > 复合对象"，以弧线为放样路径，以封闭线形为放样图形，创建"手扣"三维装饰构建（图2-281）。

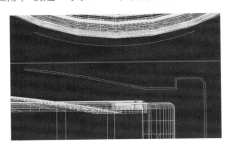

图2-280

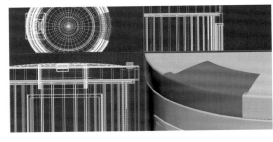

图2-281

（9）运用所学知识创建电饭煲其他部件，并调整相应的位置，最后效果如图2-282所示。

图2-282

2.4.8 冰箱建模

（1）执行"创建＞几何体＞标准基本体"，单击【长方体】按钮，在前视图创建一个长1750 mm、宽920 mm、高40 mm，长度和宽度分段都为5的长方体，命名为"箱体"（图2-283）。

（2）选择"箱体"，将其转换成可编辑多边形，在"顶点"层级下调整相关分段线的位置，使调整的边框其中框的宽度为30 mm（图2-284）。

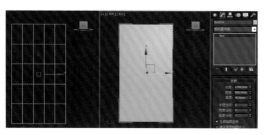

图2-283

图2-284

（3）选择"多边形"层级，按住"Ctrl"键先后点选边框面，用鼠标在"编辑多边形"栏单击【挤出】按钮后面的【设置】按钮 ，在弹出的"挤出多边形"浮动框中，设置挤出"数量"为600 mm；同理，挤出中间框"数量"为550 mm（图2-285）。

（4）在前视图创建一长1750 mm、宽458 mm的"矩形"，保持选择状态，在修改器中执行"倒角"命令，在"倒角值"栏设置层级2：高度35 mm、轮廓0；层级3：高度5 mm、轮廓-5 mm。创建冰箱门，镜像复制创建第二扇门，并调整对齐（图2-286）。

图2-285

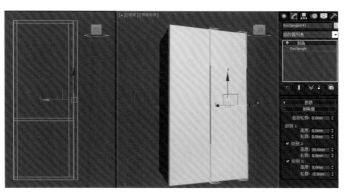

图2-286

（5）在顶视图创建一"椭圆"，长度为35 mm、宽度为25 mm，打开"修改器列表"，选择"挤出"修改命令，在"参数"栏下的"数量"选项后输入1000 mm，命名为"手柄"（图2-287）。

（6）在顶视图再绘制一封闭线形，椭圆部分与手柄椭圆截面一致，并"倒角"修改，"倒角值"设置层级2：高度40 mm、轮廓0；层级3：高度1 mm、轮廓-2 mm，并与手柄对齐，命名"手柄连接"（图2-288）。

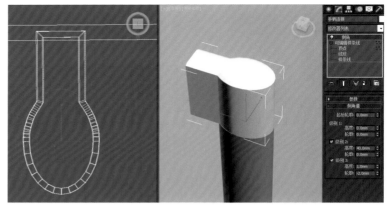

图2-287　　　　　　　　　　　图2-288

（7）通过"复制""选择""对齐"等工具命令，创建另外一个手柄（图2-289）。

图2-289

（8）运用"长方体""倒角""布尔""文本"等工具、命令，创建冰箱电子屏和标志（图2-290）。

（9）运用前面所学知识，创建厨房内其他物件，并调整它们的位置，简单渲染，最后效果如图2-291所示。

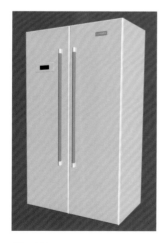

图2-290　　　　　　　　　　　图2-291

室内卫生间建模

2.5.1 洗手盆建模

（1）打开室内墙体建模，隐藏除卫生间空间以外的所有墙体，在顶视图创建一个长方体，长度1 200 mm、宽度600 mm、高度120 mm，命名为"洗手台面"，调整其位置（图2-292）。

（2）选择"洗手台面"，在顶视图单击鼠标右键，添加"编辑网格"命令，进入"多边形"层级，选择顶部的多边形，按"Delete"键将其删除（图2-293）。

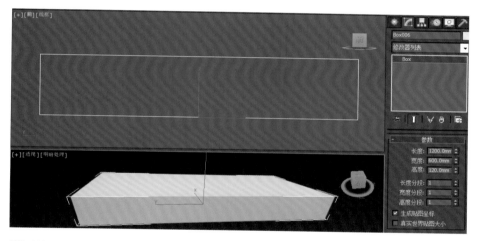

图2-292

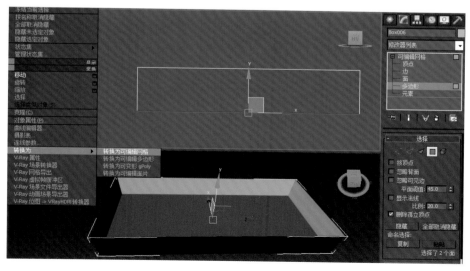

图2-293

（3）在顶视图绘制一个矩形，长度1 300 mm、宽度650 mm、角半径20 mm，再绘制一个椭圆，长度700 mm、宽度450 mm，调整其位置。选择椭圆，将其转换成编辑样条线，在"样条线"层级下"几何体"栏，单击【附加】按钮，用鼠标点选矩形，使两者附加在一起（图2-294）。

（4）选择附加图，执行"倒角"修改命令，设置倒角"参数"为层级2：高度30 mm、轮廓0，层级3：高度2 mm、轮廓-3 mm（图2-295）。

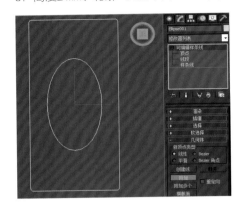

图2-294　　　　　　　　　　　　　　图2-295

（5）在左视图中绘制一封闭线形，在"顶点"层级调整线形的弯曲及位置（图2-296）。

（6）选择线形，执行"车削"命令，勾选"焊接内核"，分段为"60"，方向为"Y"，对齐为"最小"，命名为"洗手盆"；同时选择"轴"层级，运用"选择并均匀缩放"命令，在顶视图对其"X"轴和"Y"轴调整，直到大小合适为止（图2-297）。

（7）运用前面所学知识，用"长方体""编辑样条线""挤出""布尔"等工具命令创建洗脸盆柜门、水龙头、镜子等（图2-298）。

图2-296

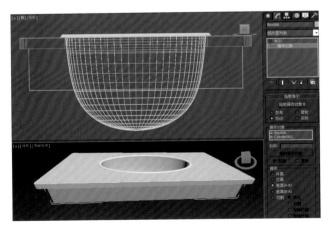

图2-297　　　　　　　　　　　　　　图2-298

2.5.2　马桶建模

（1）执行"创建＞几何体＞标准基本体"，单击【圆锥体】按钮，在顶视图创建四边椎体，设置半径1：140 mm，半径2：100 mm，高220 mm，边数为4，命名为"马桶底座"（图2-299）。

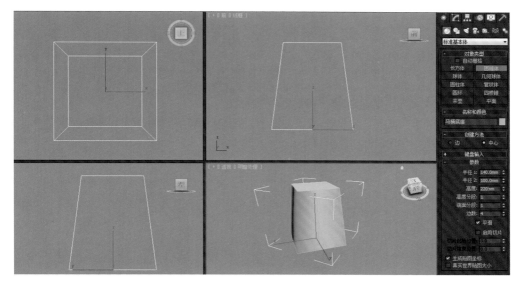

图2-299

（2）执行"创建 > 几何体 > 扩建基本体"，单击【切角长方体】按钮，在顶视图创建一切角长方体，设置长度250 mm、宽度200 mm、高度30 mm、圆角3 mm，命名为"水箱底座"（图2-300）。

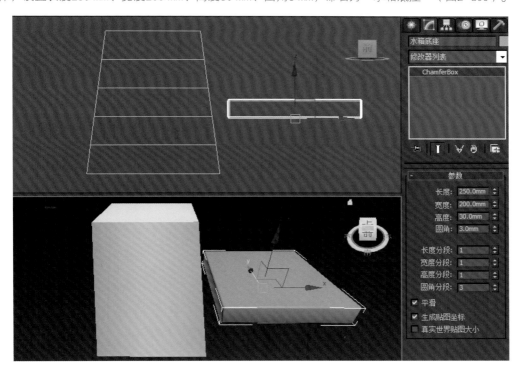

图2-300

（3）执行"线"工具，在左视图创建一封闭的线形，调整其形状与大小，作为水箱支架的剖面图形（图2-301）。

（4）选择水箱支架剖面图，在修改器面板中选择"挤出"命令，设置挤出的"数量"为100 mm，命名"水箱支架"，并调整其与水箱底座之间的位置（图2-302）。

（5）执行"创建 > 几何体 > 标准基本体"，单击【球体】按钮，在顶视图创建球体，设置半径200 mm、分段32、半球0.6（球体0.4），命名为"马桶"（图2-303）。

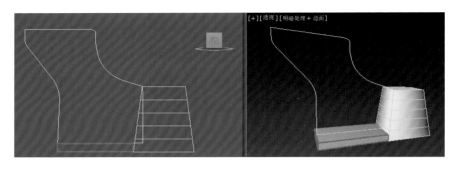

图2-301

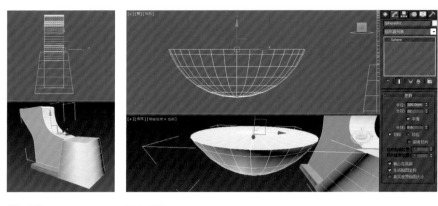

图2-302　　　　　　图2-303

（6）在"修改器列表"中选择"FFD 3×3×3"命令，选择"控制点"层级，对"马桶"的形状进行调整（图2-304）。

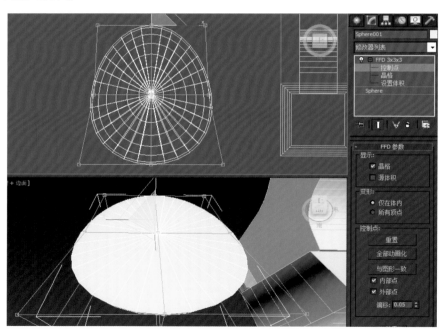

图2-304

（7）复制"马桶"，并用【选择并均匀缩放】命令 ，整体缩小，应用"布尔"命令切割马桶，同理，切出马桶下水孔，并调整其位置（图2-305）。

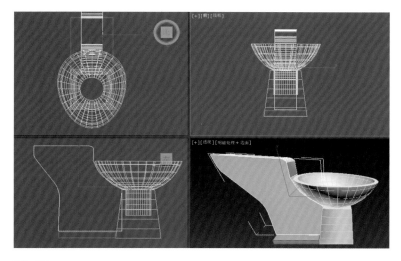

图2-305

（8）用"线"工具在顶视图绘制一封闭线形，并复制一个，作为座板和马桶盖轮廓（图2-306）。

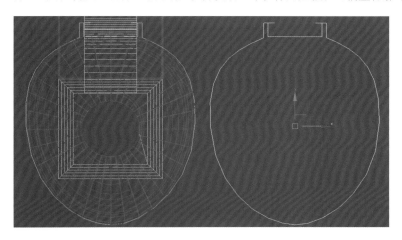

图2-306

（9）选择一线形，在"线段"层级，选择最上端的线段，按"Delete"键删除该线段，在"样条线"层级，用"几何体"栏中的"轮廓"编辑线形轮廓，并在修改器中执行"倒角"操作，创建三维模型，命名为"座板"，进行相关参数设置（图2-307）。

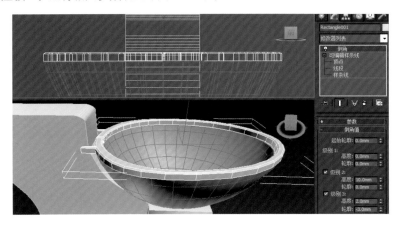

图2-307

（10）同样用"倒角"命令对另外复制的线形直接创建三维模型，调整其位置，命名为"马桶盖"，进行相关参数设置（图2-308）。

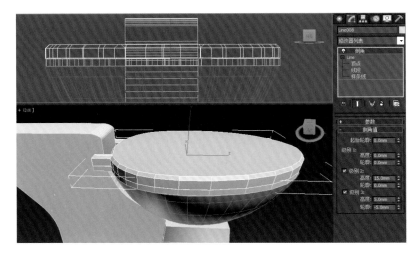

图2-308

（11）运用所学知识，创建马桶水箱及水箱盖，并调整其位置（图2-309）。

图2-309

2.5.3　浴室花洒建模

（1）用"线"工具在左视图创建一开放线形，高度1 200 mm、宽度300 mm，并在"渲染"栏勾选"在渲染中启用"和"在视口中启用"项，设置径向厚度25 mm、径向边36 mm，并命名为"花洒杆"（图2-310）。

（2）用"矩形"工具在顶视图创建矩形，设置长120 mm、宽300 mm、角半径5 mm，转换成可编辑样条线，并对齐复制两个备用，分别命名为"花洒头1""花洒头2""花洒头3"（图2-311）。

（3）选择"花洒头1"，在修改器列表中选择"倒角"命令，并设置层级2：高度5 mm、轮廓0；层级3：高度2 mm、轮廓92 mm（图2-312）。

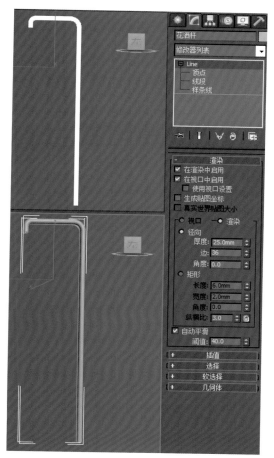

图2-310

图2-311

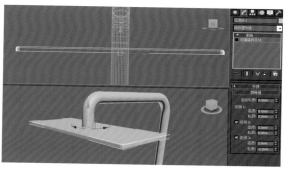

图2-312

（4）选择"花洒头2"，在"样条线"层级，编辑"轮廓"为5 mm，然后执行修改器"挤出"命令，挤出"数量"为15 mm，调整其与"花洒头1"的中心对齐（图2-313）。

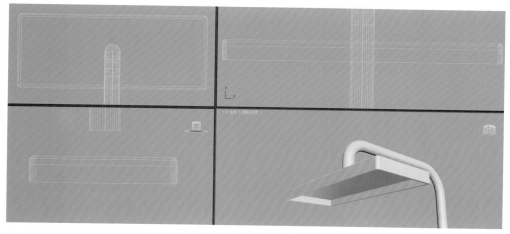

图2-313

（5）选择"花洒头3"，调整大小，在其内部创建一小矩形，长宽皆为10 mm、角半径为1 mm，并与其水平对齐。然后打开"工具"菜单，执行"阵列"编辑命令，在"阵列"对话框设置2D：数量20、增量行偏移X轴14 mm，3D：数量8、增量行偏移Y轴−14 mm（图2-314）。

图2-314

（6）选择"花洒头3"，在修改面板"几何体"栏单击【附加多个】按钮，在弹出的"附加多个"对话框中选择刚才创建的所有小矩形，创建"花洒头3"整体图形（图2-315）。

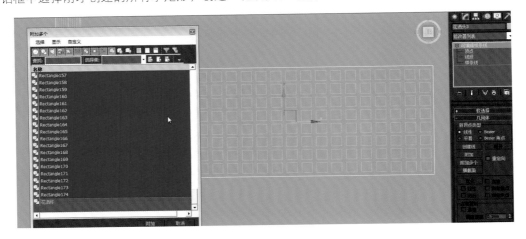

图2-315

（7）添加"倒角"命令，创建"花洒头3"整体三维，调整其位置（图2-316）。

（8）运用"切角圆柱体"和"圆柱体"创建花洒固定架（图2-317）。

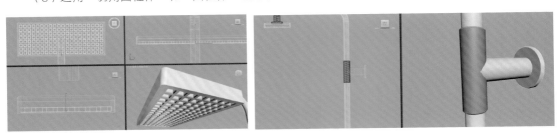

图2-316   图2-317

（9）参照前面花洒头的创建方法创建"手持花洒头"（图2-318）。

（10）在左视图创建圆形，半径为25 mm，执行"倒角"修改器，设置倒角值"层级2：高度60 mm，轮廓0；层级3：高度2 mm，轮廓−2 mm。镜像复制创建对象，更改层级2的高度为30 mm（2-319）。

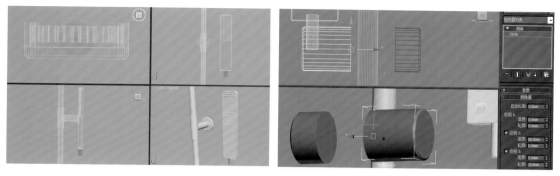

图2-318   图2-319

（11）绘制同等半径，高60 mm的圆柱体，并进行"布尔"挖孔，完成"手持花洒移动架"三维模型创建（图2-320）。

（12）在前视图创建一矩形，长50 mm，宽200 mm，角半径5 mm，同时创建一半径30 mm的圆，并使两者附加在一起（图2-321）。

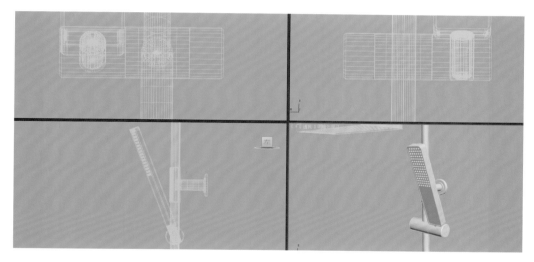

图2-320

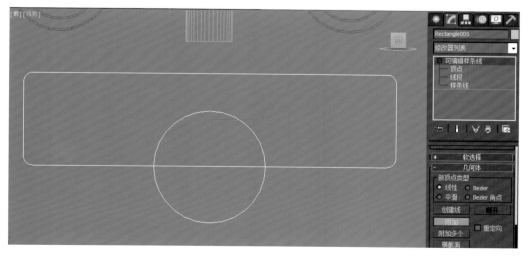

图2-321

（13）选择附加的对象，在"样条线"层级，激活"并集"，单击【布尔】按钮，点选不需要的线段，实现删除效果（图2-322）。

（14）运用"倒角"命令，创建三维模型，同时创建其他部件，命名为"花洒开关底座"（图2-323）。

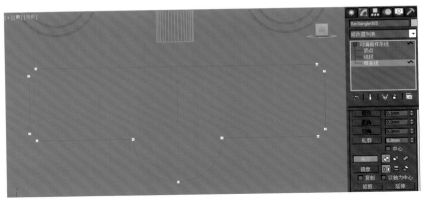

图2-322

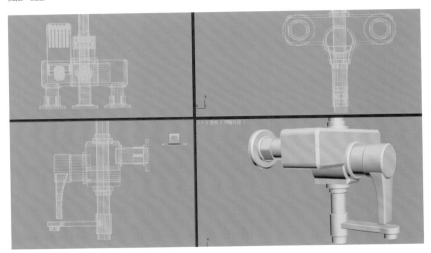

图2-323

（15）根据前面所学知识，创建出其他的花洒部件，调整好位置（图2-324）。

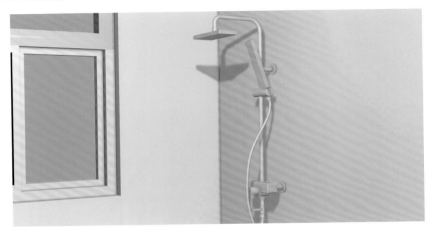

图2-324

2.5.4　浴室隔断建模

（1）用"线"工具在顶视图创建一开放线形，长度为2 500 mm，并在"样条线"层级下"几何体"栏创建"轮廓"50 mm（图2-325）。

（2）执行"修改"命令，在"修改器列表"中选择"挤出"命令，设置挤出"数量"为50 mm，命名为"隔断底框"，并复制一"隔断顶框"（图2-326）。

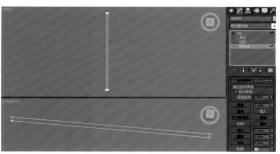

图2-325

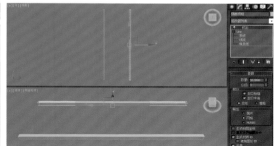

图2-326

（3）用同样的方法创建3扇玻璃，高度设置为2 000 mm（图2-327）。

（4）用"线"工具在顶视图绘制封闭线形，水平长度、垂直高度均为60 mm，厚度为5 mm（图2-328）。

图2-327

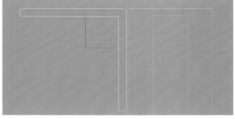

图2-328

（5）执行"修改"命令，在"修改器列表"中选择"挤出"命令，设置挤出"数量"为80 mm，命名为"固定合页"（图2-329）。

（6）执行"创建 > 几何体 > 标准基本体"，单击【球体】按钮，在顶视图创建球体，设置半径8 mm、分段32、半球值0.5，并勾选"启用切片"选项，如图2-330所示，创建一个半圆体。

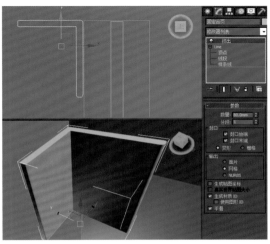

图2-329

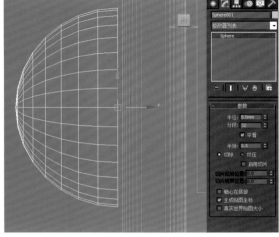

图2-330

（7）在顶视图选择半球体，执行"倒选择并均匀缩放"命令，并沿着"X"轴向右挤压，形成扁平的半圆，命名为"固定螺丝"（图2-331）。

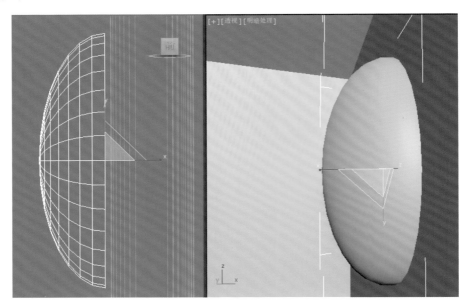

图2-331

（8）运用"长方体"工具创建一个"十"字三维模型，与"固定螺丝"对齐（图2-332）。

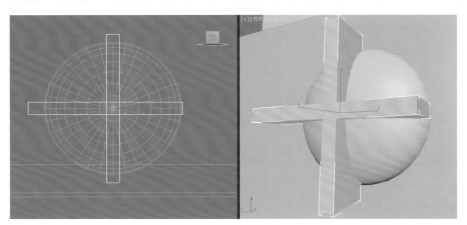

图2-332

（9）选择"固定螺丝"，执行"创建＞几何体＞复合对象"，单击【布尔】按钮，分别以两个长方体为"拾取操作对象B"，创建"十"字螺丝口（图2-333）。

（10）通过"复制""移动""旋转"等操作，完成所有"固定合页"创建（图2-334）。

（11）运用"布尔"命令，在左视图左侧门创建两个缺口，以备创建"活动合页"用（图2-335）。

（12）参照创建"固定合页"的方法创建"活动合页"（图2-336）。

（13）在顶视图和前视图分别创建开放线形，并在"渲染"栏勾选"在渲染中启用"和"在视口中启用"项，设置径向厚度20 mm、径向边12，并命名为"内拉手"和"外拉手"（图2-337）。

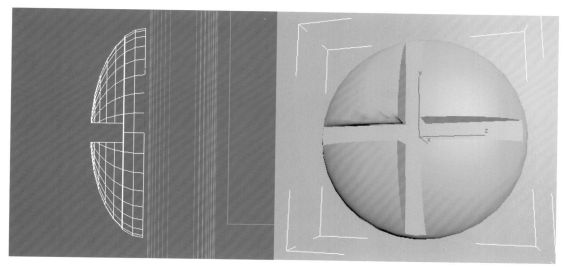

图2-333

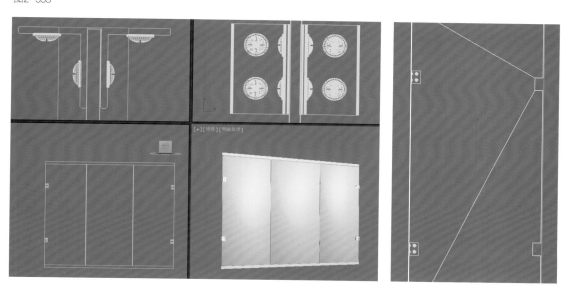

图2-334   图2-335

图2-336   图2-337

（14）运用所学知识，创建浴室隔断其他配件，并调整位置，效果如图2-338所示。

图2-338

2.5.5　浴室浴霸建模

（1）用"矩形"工具在顶视图创建一矩形，长度为500 mm，宽度350 mm，角半径50 mm，作为浴霸的外形轮廓（图2-339）。

（2）执行"修改"命令，在"修改器列表"中选择"倒角"命令，设置倒角值层级1：高度20 mm、轮廓−30 mm，层级2：高度4 mm、轮廓0，层级3：高度1 mm、轮廓−1 mm（图2-340）。

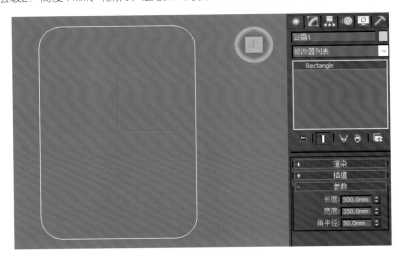

图2-339

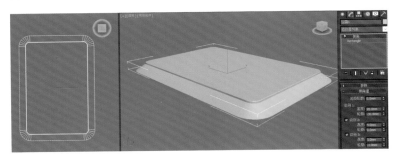

图2-340

（3）执行"创建 > 几何体 > 标准基本体"，单击【圆柱体】按钮，展开"键盘输入"栏，设置半径50 mm，高度50 mm，单击下方【创建】按钮，然后在顶视图单击鼠标，创建一圆柱体（图2-341）。

（4）用复制克隆工具在顶视图复制其他圆柱体，同时修改中间圆柱体的半径为75 mm，5个圆柱为下步"布尔"运算的拾取对象（图2-342）。

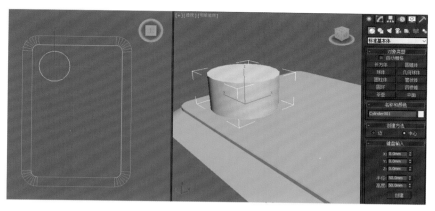

图2-341

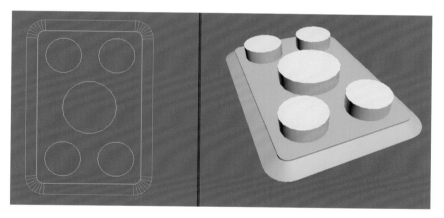

图2-342

（5）执行"修改"命令，在"修改器列表"中选择"挤出"命令，设置挤出"数量"为80 mm，命名为"固定合页"（图2-343）。

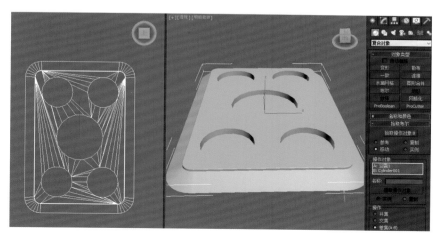

图2-343

（6）用"线"工具在左视图创建一封闭线形，作为"热灯泡"的半剖面（图2-344）。

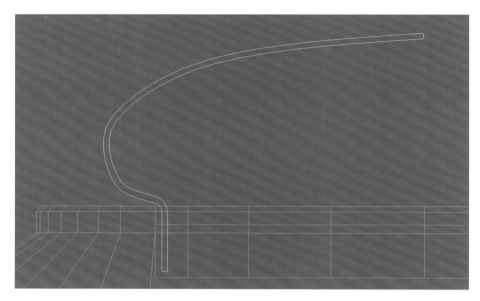

图2-344

（7）执行"修改"命令，在"修改器列表"中选择"车削"命令，设置"方向"X轴，"对齐"最大，然后复制对齐操作，再创建中间的照明灯（图2-345）。

（8）创建浴霸装饰部件，并调整所有部件位置（图2-346）。

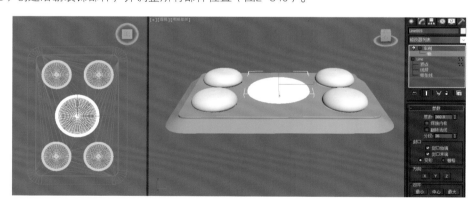

图2-345

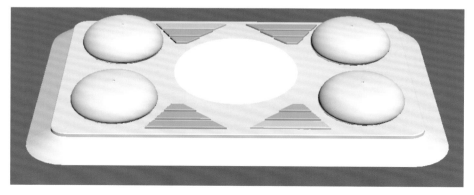

图2-346

2.5.6 浴室置物架建模

（1）用"线"工具在左视图创建一封闭线形，长度360 mm，宽度60 mm，作为置物架的支架轮廓（图2-347）。

（2）执行"修改"命令，在"修改器列表"中选择"挤出"命令，设置挤出"数量"为20 mm，同时复制一个，两者的距离为250 mm（图2-348）。

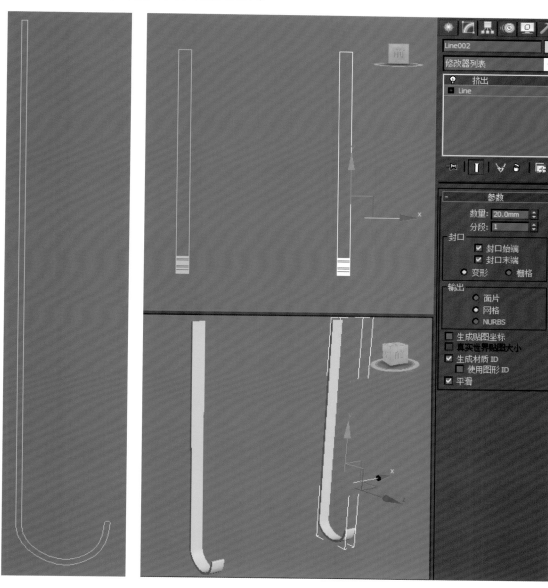

图2-347   图2-348

（3）在顶视图创建一开放线形，所在矩形长180 mm，宽360 mm；在前视图创建一矩形，长20 mm，宽6 mm，角半径2 mm（图2-349）。

（4）选择开放线形，执行"创建＞几何体＞复合对象"，单击【放样】按钮，在"创建方法"栏单击【获取图形】按钮，用鼠标点取前视图中的矩形，创建置物架栏框（图2-350）。

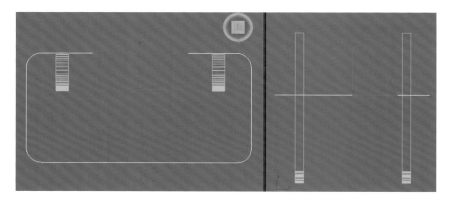

图2-349

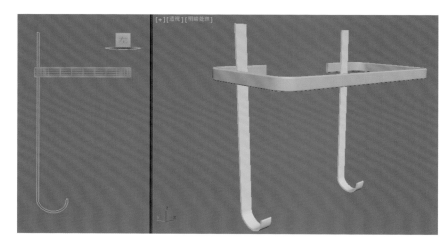

图2-350

（5）在顶视图创建一矩形，长度186 mm，宽度366 mm，角半径20 mm；在同一平面创建一小矩形，长8 mm，宽40 mm，角半径2 mm，并进行复制排列（图2-351）。

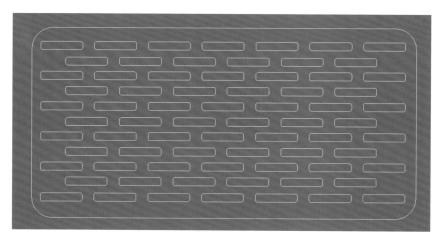

图2-351

（6）选择大矩形，将其转换成可编辑样条线，并附加于所有的小矩形，创建置物架整体置物板平面（图2-352）。

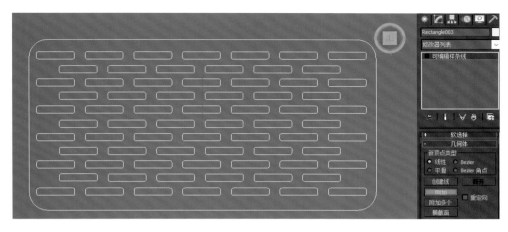

图2-352

（7）选择置物板平面，执行"修改"命令，在"修改器列表"中选择"挤出"命令，设置挤出"数量"4 mm，调整其位置（图2-353）。

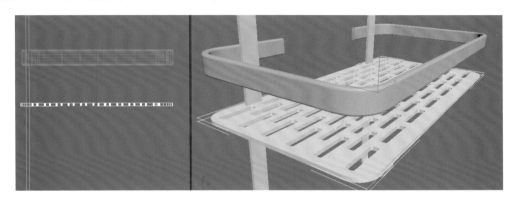

图2-353

（8）顶视图创建小圆柱体，作为框和板的连接体，并复制调整，同时创建其他部件（图2-354）。

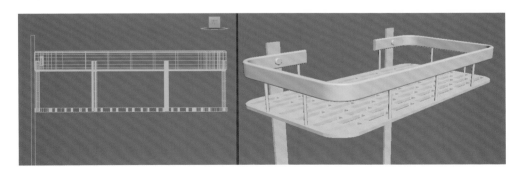

图2-354

（9）复制"置物架上部"，调整位置，创建"置物架下部"，至此，置物架创建完成（图2-355）。

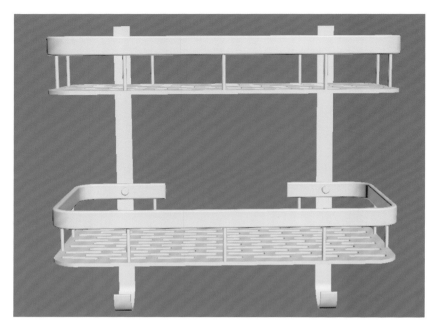

图2-355

（10）通过运用所学知识创建卫生间内其他的部件，调整相应的位置（图2-356）。

图2-356

3.

室内设计
综合实践篇

学习要求

通过本篇的学习，能够掌握室内效果设计的相关
程序及方法，快速掌握室内效果设计作品的输出。

3ds Max SHINEISHEJI CAOZUO YU YINGYONG

3.1

客厅室内效果设计

3.1.1 客厅3D模型的导入

（1）单击3ds Max 界面左上角软件图标 ⑤，在展开的面板上鼠标指向"导入"命令，在展开的面板中单击"合并"命令，打开"合并文件"对话框（图3-1、图3-2）。

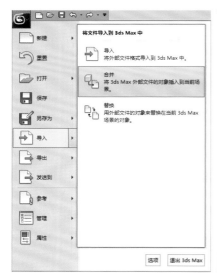

图3-1   图3-2

（2）在打开的"合并文件"对话框中，找到保存3D模型的文件夹，选择"墙体"文件，再单击对话框右下角的【打开】按钮，导入"墙体"文件（图3-3）。

（3）重复上述"导入"操作，导入客厅相关家具、灯具、装饰品、窗帘等3D模型，并调整它们的位置（图3-4）。

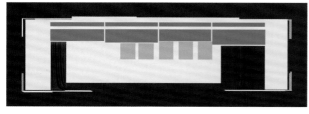

图3-3   图3-4

3.1.2　设置V－Ray渲染器

（1）单击"F10"键打开"渲染设置"选项卡，在"指定渲染器"卷展栏"产品级"后单击【选择渲染器】按钮 ，在弹出的"选择器"对话框中选择"V－Ray Adv 2.10.01"渲染器（图3-5）。

（2）选择"VR_基项"，单击"V－Ray::全局开关"，展开"全局开关"栏，设置全局参数（图3-6）。

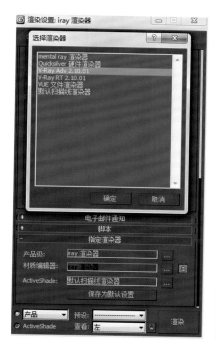

图3-5

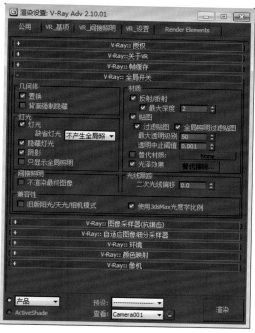

图3-6

（3）同样展开"V－Ray::图像采样器（抗锯齿）"栏，在图像采样器区域设置"类型"为"自适应DMC"，在抗锯齿过滤器区域设置"开启"为"区域"，同时在"V－Ray::自适应DMC图像采样器"栏设置相关参数（图3-7）。

（4）选择"VR_间接照明"，单击"V－Ray::间接照明（全局照明）"，展开"间接照明"栏，设置间接照明参数（图3-8）。

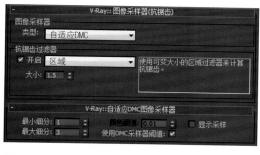

图3-7

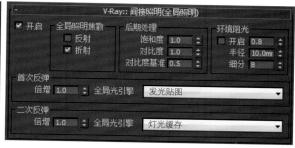

图3-8

（5）单击"V－Ray::发光贴图"，展开"发光贴图"栏，设置发光贴图参数（图3-9）。

（6）单击"V－Ray::灯光缓存"，展开"灯光缓存"栏，设置灯光缓存参数（图3-10）。

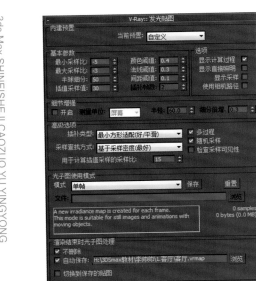

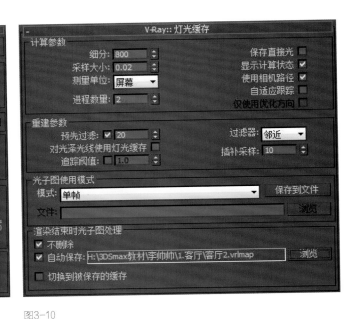

图3-9

图3-10

（7）回到"VR_基项"选项，单击"V－Ray::
环境"，展开"环境"栏，设置环境参数（图
3-11）。

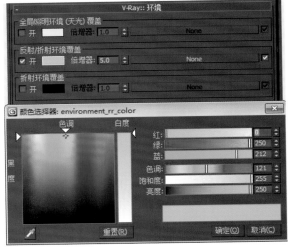

图3-11

（8）选择"VR_设置"选项，单击
"V－Ray::DMC采样器"，展开"DMC采样
器"栏，设置DMC参数（图3-12）。

图3-12

（9）再回到"VR_基项"选项，单击
"V－Ray::颜色映射"，展开"颜色映射"栏，
设置参数（图3-13）。

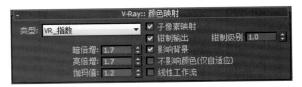

图3-13

3.1.3 V‑Ray材质编辑客厅效果

（1）地板材质的制作。

①单击"M"键，打开"材质编辑器"面板，选择一个空白材质球，命名为"地板"。然后单击【standard】按钮，打开"材质/贴图浏览器"面板，将材质类型设置成"V‑Ray Mtl"材质（图3‑14）。

②材质类型设置成"V‑Ray Mtl"后，单击"漫反射"后的按钮 ■，在打开的"材质/贴图浏览器"面板上单击"位图"打开"选择位图图像文件"对话框，加载木纹图像文件（图3‑15）。

③单击【转到父对象】按钮 ■，在"反射"选项组中调节颜色为深灰色（红：54，绿：54，蓝：54），设置"反射光泽度"为0.8，并将制作好的材质赋给场景中地板模型（图3‑16）。

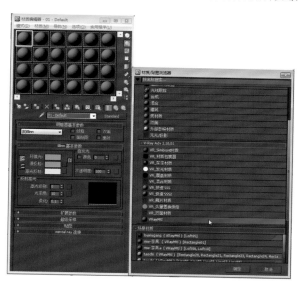

图3‑14

图3‑15

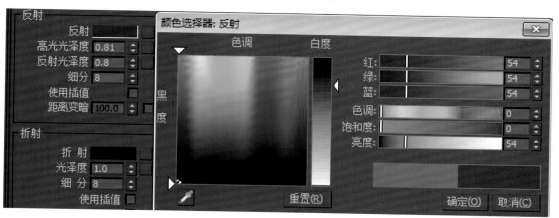

图3‑16

（2）地毯材质的制作。

①选择一个空白材质球，材质设置成VR材质，命名为"地毯"。在漫反射选项组中的通道上加载贴图文件，在"坐标"栏设置瓷砖的 U 为0.19、V 为0.23、W 为90（图3‑17）。

②单击【转到父对象】按钮 ，展开贴图卷展栏在"贴图"栏的"置换"通道上加载一肌理贴图文件，最后设置置换数量为5，并将制作好的地毯材质赋给场景中的地毯的模型（图3-18）。

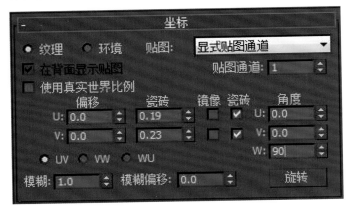

图3-17

图3-18

（3）装饰墙材质的制作。

选择一个空白材质球，材质设置成VR材质，命名为"装饰墙"。在漫反射选项组中的通道上加载装饰墙位图贴图文件，在反射选项组中调节浅灰色（红：200，绿：200，蓝：200），启用"菲涅耳反射"选项，设置高光光泽度为0.5、反射光泽度为0.8、细分为50、菲涅耳折射率为1.6，并将制作好的装饰墙材质赋给场景中的装饰墙的模型（图3-19）。

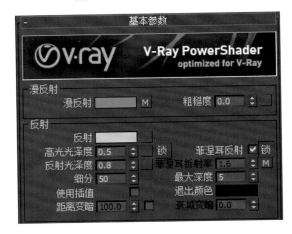

图3-19

（4）装饰画1材质的制作。

①选择一个空白材质球，然后将材质类型设置为Multi/object，并命名为"装饰画1"，展开"多维/子对象基本参数"卷展栏，设置"设置数量"为2，并分别在ID1和ID2通道上加载VR材质（图3-20）。

②单击进入ID号为1的通道中，并进行调节（图3-21）。

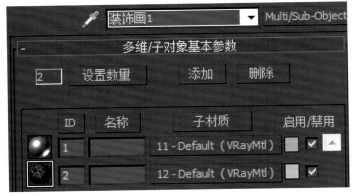

图3-20

图3-21

108

③单击进入ID号为2的通道中，并进行调节（图3-22）。

④在漫反射选项组中的通道上加载"装饰画1.jpg"贴图文件。在反射选项组中调节颜色为深灰（红：35，绿：35，蓝：35）。将制作好的装饰画1材质赋给场景中装饰画1的模型。

（5）装饰画2材质的制作。

选择一个空白材质球，然后将材质类型设置为VR材质，并命名为"装饰画2"，在漫反射选项的通道上加载"装饰画2.jpg"贴图文件，在反射选项组中调节颜色为浅灰色，并将制作好的材质球赋予装饰画2模型（图3-23）。

装饰画1素材

装饰画2素材

图3-22

图3-23

（6）沙发材质的制作。

①选择一个空白材质球，然后将材质类型设置为VR材质，并命名为"沙发"，设置具体参数（图3-24、图3-25）。

②在漫反射选项组中的通道上加载"衰减"程序贴图，展开"衰减参数"卷展栏，设置第一个颜色为浅棕色并在后面的通道上加载"布绒素材1.jpg"贴图文件，设置"瓷砖"的U和V为3，设置第2个颜色为浅灰色并在后面的通道上加载"布绒素材2.jpg"贴图文件，设置"瓷砖"的U和V为3，最后设置衰减类型为"Fresnel"。

布绒素材1　　布绒素材2

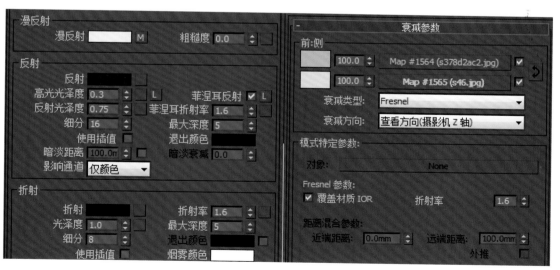

图3-24

图3-25

③在反射选项组中调节颜色为蓝色，设置"高光光泽度"为0.3，"反射光泽度"为0.75，"细分"为16，将制作好的沙发材质赋给场景中沙发模型。

（7）木椅材质的制作。

①选择一个空白的材质球，然后将材质类型设置为VR材质，并命名为"椅子"，设置具体参数（图3-26）。

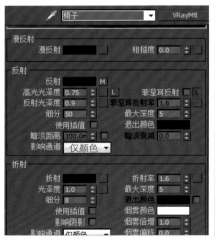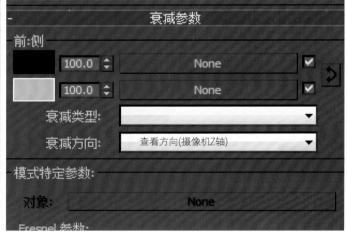

图3-26

②在漫反射选项组中调节颜色为深灰色，在反射选项组中的通道上加载衰减程度贴图，展开衰减参数卷展栏，设置第二个颜色为蓝色，设置衰减类型为"Fresnel"，并设置"高光光泽度"为0.75，"反射光泽度"为0.9，"细分"为50。将制作好的椅子材质赋给场景中椅子的模型。

（8）茶几材质的制作。

①选择一个空白材质球，然后将材质球类型设置为VR材质，并命名为"茶几"，具体的参数调节如图3-27所示。

②在漫反射选项组中的通道上加载"木纹素材1.jpg"贴图文件。在反射选项组中的通道上加载衰减程序贴图，展开衰减参数卷展栏，设置衰减类型为"Fresnel"，并设置"高光光泽度"为0.65，"反射光泽度"为0.85，"细分"为50。将制作好的茶几材质赋给场景中茶几模型。

（9）吊灯材质的制作。

①选择一个空白材质球，然后将材质类型设置为VR材质，并命名为"吊灯"，具体参数设置如图3-28所示。

图3-27

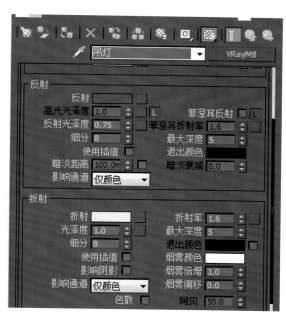

图3-28

木纹素材1

塑料素材1

塑料素材2

②在漫反射选项组中调节颜色为浅灰色,在反射选项组中调节颜色为深灰色,设置"反射光泽度"为0.75。在折射选项中调节颜色为浅白色,将制作好的吊灯材质赋给场景中的吊灯模型。

(10)电视材质制作。

①选择一个空白的材质球,然后将材质类型设置为VR材质,并命名为"电视外框",设置具体参数设置(图3-29)。

②在漫反射选项组中的通道上加载"塑料素材1.jpg"贴图文件,在反射选项组中的通道上加载"塑料素材2.jpg"贴图文件,并设置"反射光泽度"为0.95,"细分"为50。将制作好的电视外框材质赋给场景中的电视外框模型。

③选择一个空白材质球,然后将材质类型设置为VR灯光材质,并命名为"电视屏幕",然后调节颜色数值为2,并加载"风景素材1.jpg"贴图文件(图3-30)。

风景素材1

图3-29　　　　　　　　　　　　　　　　　　　图3-30

④将制作好的电视屏幕材质赋给场景中电视屏幕的模型，然后继续创建其他部分的材质。

（11）综合效果。

包括地板、地毯、装饰墙、装饰画1、装饰画2、金属相框、沙发、木椅、茶几、吊灯、电视材料等（图3-31）。

图3-31

3.1.4　创建客厅摄像机

（1）执行"创建 > 摄像机"，在顶视图中拖拽创建一台摄像机，具体位置如图3-32所示。

（2）选择创建的摄像机，进入修改面板，并设置镜头（图3-33）。

图3-32

图3-33

（3）按快捷键"C"切换摄像机视角（图3-34）。

图3-34

3.1.5　灯光的设置与草图渲染

（1）按"F10"键，在打开的渲染设置对框中选择"公用"选项卡，设置输出的尺寸为600×400（图3-35）。

（2）选择"VR_基础"选项卡，展开"V－Ray图像采集器（反锯齿）"卷展栏，设置类型为"固定"，禁用"抗锯齿过滤器"选项。展开"V－Ray颜色贴图"卷展栏，设置类型为"指数"，启用"子像素映射"和"钳制输出"选项（图3-36）。

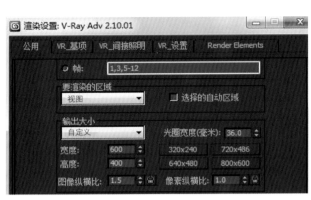

图3-35

图3-36

（3）选择"间接照明"选项卡，设置参数（图3-37）。

（4）展开"V-Ray灯光缓存"卷展栏，设置细分为"400"，禁用"存储直接光"选项。

（5）创建主光源。执行"创建 > 灯光"，设置光源如图3-38所示，在前视图中创建VR灯光，位置如图3-39所示。

图3-37

图3-38

（6）选择上一步创建VR灯光，然后在修改面板中设置类型为平面，设置倍增为3，调节颜色为蓝色，设置1/2长为6 000 mm，1/2宽为1 400 mm，启用不可见选项。继续使用VR灯光工具在前视图中创建一盏VR灯光，位置见图3-40。

图3-39

图3-40

（7）选择上一步创建的VR灯光，然后修改面板设置参数（图3-41）。

（8）创建装饰墙灯带。执行"创建 > 灯光"，选择"VR_光源"，在左视图中创建一盏VR灯光，并使用"选择并移动"工具复制两盏灯。选择上一步创建的VR灯光，然后在修改面板中设置类型为平面，设置倍增为15，调节颜色为橘黄色，设置1/2长为2 000 mm，1/2宽为50 mm，启用不可见选项，继续使用VR灯光工具在左视图中创建一盏VR灯光，并使用"选择并移动"工具复制两盏灯光（图3-42）。

（9）选择上一步创建的VR灯光，然后在修改面板中设置类型为平面，设置倍增为5，调节颜色为白色，设置1/2长为300 mm，1/2宽为1 300 mm，启用不可见选项，禁用响应高光和影响反射选项，设置细分为30。

图3-41　　　　图3-42

（10）制作台灯光源。执行"创建＞灯光",选择"VR_光源"，在前视图中创建一盏VR灯光，然后使用"选择并移动"工具复制一盏（图3-43）。

（11）选择上一步创建的VR灯光，然后在修改面板中设置类型为球体，设置倍增为30，调节颜色为浅橘黄色，设置1/2长为110 mm，启用不可见选项。

（12）创建室内射灯。执行"创建＞灯光",选择"VR_光源"，在前视图中创建一盏目标灯光，并使用"选择并移动"工具复制13盏灯光，具体位置（图3-44）。

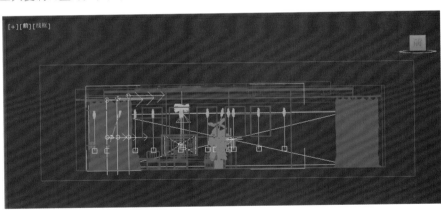

图3-43　　　　图3-44

（13）选择上一步创建的目标灯光，并在修改面板中调节其参数，在阴影选项组中设置阴影类型为"VR阴影"，设置灯光分布类型为"光度学web"，展开分布光度学web卷展栏，并在通道上加载射灯0.IES光域网。展开"强度/颜色/衰减"卷展栏，设置过滤颜色为浅橘黄色，强度为8 000。

（14）制作聚光灯光源。执行"创建＞灯光",选择"标准＞目标聚光灯"，在前视图中拖拽创建一盏目标聚光灯（图3-45）。

（15）选择上一步创建的目标聚光灯，然后在修改面板中调节具体的参数（图3-46）。

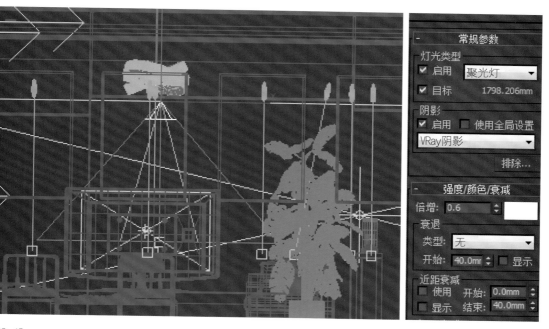

图3-45　　　　　　　　　　　　　　　　　　　　　　图3-46

3.1.6　输出最终效果图

（1）重新设置渲染参数。按"F10"键，在打开的渲染设置对话框中首先选择"公用"选项卡，设置输出的尺寸为2 000×1 333（图3-47）。

（2）在VR选项卡，展开"VR图形采样器（反锯齿）"卷展栏，设置类型为"自适应确定性蒙特卡洛"，在抗锯齿过滤器选项组中启用"开"选项，并选择"Catmull－Rom"过滤器。展开VR颜色贴图卷展栏，设置类型为"指数"，启用"子像素映射"和"钳制输出"选项（图3-48）。

图3-47　　　　　　　　　　　　　　　　　　　　　图3-48

（3）选择"间接照明"选项卡，启用"开"选项，设置"首次反弹"为"发光图"，设置"二次反弹"为"灯光缓存"。展开"VR发光图"卷展栏，设置当前预制为"低"，设置半球细分为60，设置插值采样值为30，启用显示计算相位和显示直接光（图3-49）。

（4）展开"VR灯光缓存"，设置细分为1 500，启用"存储直接光"和"显示计算相位"选项（图3-50）。

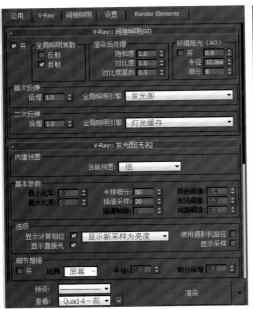

图3-49

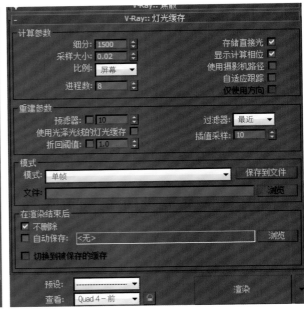

图3-50

（5）选择"设置"选项卡，展开"V-Ray::DMC采样器"卷展栏，设置适应数量为0.85，噪波阀值为0.005，展开"V-Ray::系统"卷展栏，并禁用"显示窗口"选项（3-51）。

图3-51

（6）最后单击【渲染】按钮进行渲染，效果如图3-52所示。

图3-52

3.2

卧室室内效果设计

3.2.1 卧室3D模型的导入

按照前文一模型导入的方法，导入卧室模型，包括"墙体""门窗""家具""装饰品"等，并调整相关位置（图3-53）。

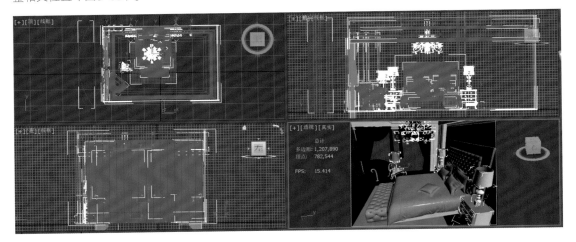

图3-53

3.2.2 VRay材质编辑卧室效果

（1）设置VRay渲染器。按"F10"键，打开"渲染设置"对话框，选择"公用"选择卡，在"指定渲染器"卷展栏中单击【选择渲染器】按钮 ▆▆，在弹出的"选择渲染器"对话框中选择"V-Ray Adv 2.30.01"，此时在"指定渲染器"卷展栏中的"产品级"后面显示了"V-Ray Adv 2.30.01"，"渲染设置"对话框中出现了"V-Ray""间接照明""设置"和"Render Elements"选项卡（图3-54）。

图3-54

3.2.3 材质的制作

卧室中的主要材质的调制，包括墙砖、地板、地毯、床单、窗帘、窗纱、吊灯金属、吊灯灯罩、柜子等，效果如图3-55所示。

图3-55

（1）墙砖材质的制作。

①选择一个空白材质球，然后将材质类型设置为"VRayMtl"材质，并命名为"墙砖"，具体的参数调节如图3-56所示。

图3-56

②设置"漫反射"选项组中调节颜色为黑色（红：0，绿：0，蓝：0）；"反射"选项组中调节颜色为深灰色（红：72，绿：72，蓝：72）；"反射光泽度"为0.98；"细分"为10。将制作好的墙砖材质赋给场景的墙面模型，效果如图3-57所示。

图3-57

（2）地板材质的制作。

①选择一个空白的材质球，然后将材质类型设置为"VRayMtl"材质，并命名为"地板"，具体的参数调节如图3-58所示。

②设置"漫反射"选项组中调节颜色为黑色（红：0，绿：0，蓝：0）；"反射"选项组中调节颜色为深灰色（红：39，绿：39，蓝：39）。将制作好的地板材质赋给场景中地板的模型，效果如图3-59所示。

图3-58

布绒素材3

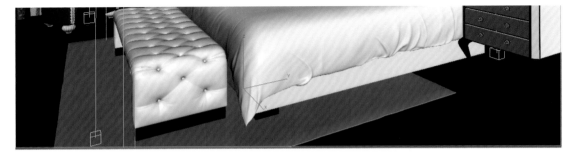

图3-59

（3）地毯材质的制作。

①选择一个空白材质球，然后将材质类型设置为"VRayMtl"材质，并命名为"地毯"，在"漫反射"选项组中的通道上加载衰减程序贴图，设置"衰减类型"为"Fresnel"，调节第一个颜色为白色（红：234，绿：232，蓝：228），并在后面的通道中加载"布绒素材3.jpg"贴图文件，设置"瓷砖"的

U为3.0，V为2.0（图3-60、图3-61、图3-62）。

②展开"贴图"卷展栏，在"置换"通道中加载"布绒素材4"贴图文件，最后设置"置换数量"为2.5（图3-63）。

图3-60

图3-61

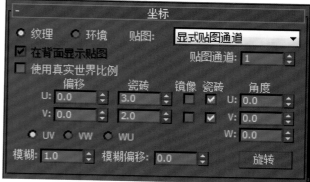

图3-62

图3-63

布绒素材4

③将制作好的地毯材质赋给场景中的地毯的模型，效果如图3-64所示。

图3-64

（4）床单的材质的制作。

①选择一个空白材质球，然后将材质类型设置为"VRayMtl"材质，并命名为"床单"，具体的参数调节如图3-65所示、图3-66所示。

②在"漫反射"选项组中的通道上加载衰减程序贴图，设置"衰减类型"为"Fresnel"，调节第一个颜色为白色（红：234，绿：232，蓝：228）。在"反射"选择组中调节颜色为灰色（红：160，绿：160，蓝：160），启用"菲涅耳反射"选项，设置"高光光泽度"为0.55，"反射光泽度"为0.7，"菲涅耳折射率"为2.3。将制作好的床单材质赋给场景中的床单的模型，效果如图3-67所示。

图3-65

图3-66

图3-67

（5）窗帘材质的制作。

①选择一个空白材质球，然后将材质类型设置为"VRayMtl"材质，并命名为"窗帘"，具体的参数调节如图3-68所示。

②在"漫反射"选项组中的通道中加载"布绒素材5.jpg"贴图文件；在"反射"选项组中加载"布绒素材6.jpg"贴图文件，设置"反射光泽度"为0.7。将制作好的窗帘材质赋给场景中窗帘的模型，效果如图3-69所示。

布绒素材5　布绒素材6

图3-68

图3-69

（6）窗纱材质的制作。

①选择一个空白的材质球，然后将材质类型设置为"混合"材质，并命名为"窗纱"，具体的参数调节如图3-70所示。

②展开"混合基本参数"卷展栏，在"材质1"和"材质2"通道中分别加载"VRayMtl"材质；进入"材质"通道中，在"漫反射"选项组中调节颜色为白色（红：236，绿：238，蓝：247），设置"折射颜色"为灰色

（红：185，绿：185，蓝：185），"光泽度"设置为0.85，选中"影响阴影"复选框（图3-71）。

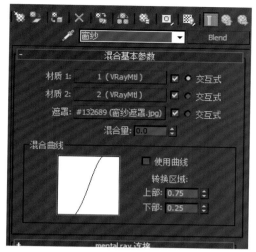

图3-70

图3-71

③进入"材质2"通道中，并进行调节（图3-72）。

④展开"混合基本参数"卷展栏，在"遮罩"通道上加载"布绒素材7.jpg"贴图（图3-73）。

布绒素材7

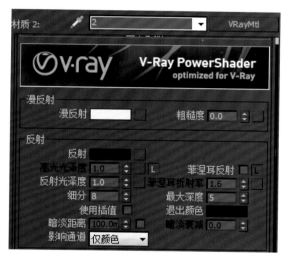

图3-72

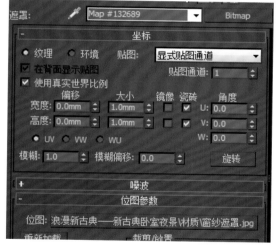

图3-73

⑤将制作好的窗纱材质赋给场景中窗纱的模型，效果如图3-74所示。

图3-74

125

（7）吊灯金属材质1的制作。

①选择一个空白材质球，然后将材质类型设置为"VRayMtl"材质，并命名为"吊灯金属"，具体的参数调节如图3-75所示。

图3-75

②在"漫反射"选择组中调节颜色为黑色（红：0，绿：0，蓝：0）；在"反射"选择组中调节颜色为深灰色（红：54，绿：54，蓝：54），设置"高光光泽度"为0.85，"反射光泽度"为0.85，"细分"为10。将制作好的吊灯金属材质赋给场景中吊灯的模型，效果如图3-76所示。

图3-76

（8）吊灯金属材质2的制作。

①选择一个空白材质球，然后将材质类型设置为"VRayMtl"材质，并命名为"吊灯金属2"，具体的参数调节如图3-77所示。

图3-77

②在"漫反射"选项组中调节颜色为深灰色（红：12，绿：12，蓝：12）；在"反射"选择组中调节颜色为浅黄色（红：245，绿：225，蓝：190）；设置"高光光泽度"为0.6，"反射光泽度"为0.9，"细分"为24。将制作好的吊灯金属材质赋给场景中吊灯的模型。

（9）吊灯灯罩材质的制作。

①选择一个空白材质球，然后将材质类型设置为"VRayMtl"材质，并命名为"吊灯灯罩"，具体的参数调节如图3-78所示。

②在"漫反射"选项组中调节颜色为浅蓝色（红：222，绿：234，蓝：248）；在"反射"选择中调节颜色为白色（红：255，绿：225，蓝：255），启用"菲涅耳反射"选项，设置"反射光泽度"为0.95；在"折射"选项组中调节颜色为白色（红：255，绿：255，蓝：255），设置"光泽度"为0.8，"折射率"1.5，"最大深度"为10，调节"烟雾颜色"为浅蓝色（红:94,绿：118，蓝：146）。将制作好的吊灯灯罩材质赋给场景中吊灯的模型，效果如图3-79所示。

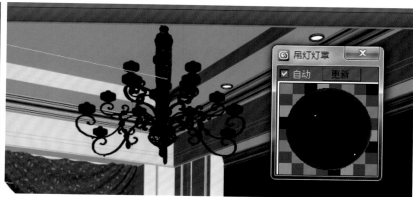

图3-78 　　　　　　　　　　图3-79

（10）沙发材质的制作。

①选择一个空白材质球，然后将材质类型设置为"多维/子对象"材质，并命名为"沙发"，展开"多维/子对象基本对象"卷展栏，设置"设置数量"为2，最后在ID1通道中加载"VRayMtl"材质，在ID2通道中加载"VR材质包裹器"（图3-80）。

②进入ID号为1的通道中，并调节材质（图3-81）。

图3-80 　　　　　　　　　　图3-81

③在"漫反射"选项组中加载衰减程序贴图，设置"衰减类型"为"Fresnel"，调节第一个颜色为蓝色（红：16，绿：23，蓝：60）；在"反射"选择组中调节颜色为深灰色（红：50，绿：50，蓝：50），启用"菲涅耳反射"选项，设置"高光光泽度"为0.3，"反射光泽度"为0.8。进入ID号为2的通道中，并调节材质（图3-82）。

④单击【标准】按钮 Standard ，在弹出的"材质/贴图浏览器"对话框中选择"VR-材质包裹器"材质，设置"接受全局照明"为2，在"基本材质"通道中加载"VRayMtl"材质。

⑤在"漫反射"选项组中调节颜色为浅黄色（红：212，绿：196，蓝：165）；在"反射"选项组中调节颜色为土黄色（红：194，绿：170，蓝：128），设置"高光光泽度"为0.5，"反射光泽度"为0.75。将制作好的沙发材质赋给场景中沙发的模型（图3-83）。

 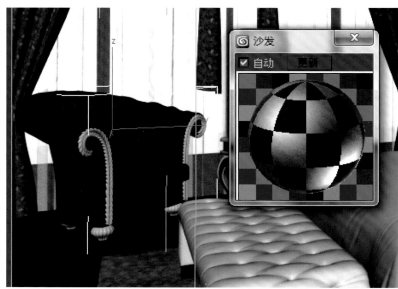

图3-82　　　　　　　　图3-83

3.2.4　创建卧室摄像机

（1）执行"创建 > 摄像机 > 标准 > 目标"，在顶视图中拖拽创建1台摄影机，具体位置如图3-84、图3-85所示。

图3-84　　　　　　　　图3-85

（2）选择创建的摄影机，在"修改"面板中设置"镜头"为24.779，"视野"为71.992（图3-86）。

（3）选择目标摄影机，然后右击并在弹出的菜单中执行"应用摄影机校正修改器"，并设置"数量"为2.831，"方向"为90，然后单击【推测】按钮，以使"摄影机校正"修改器设置第一次推测数量值（图3-87）。

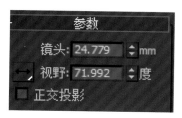 

图3-86　　　　　　　　　　　　　　　　图3-87

（4）按快捷键"C"切换到摄影机视图（图3-88）。

（5）按"F10"键，在打开的"渲染设置"对话框中，选择"公用"选择卡，设置输出的尺寸为500×375。

（6）选择V-Ray选择卡，展开"V-Ray图形采样器（反锯齿）"卷展栏，设置"类型"为"固定"，接着禁用"抗锯齿过滤器"选项；展开"V-Ray颜色贴图"卷展栏，设置"类型"为"指数"，启用"子像素映射"和"钳制输出"选项。选择"间接照明"选项卡，设置"首次反弹"为"发光图"，"二次反弹"为"灯光缓存"（图3-89）。

图3-88　　　　　　　　　　　　　　　　图3-89

（7）展开"V-Ray发光图"卷展栏，设置"当前预置"为"低"，"半球细分"为50，"插值采样"为20，启用"显示计算相位"和"显示直接光"选项（图3-90）。

图3-90

（8）展开"V-Ray灯光缓存"卷展栏，设置"细分"为400，禁用"存储直接光"选项。

（9）选择"设置"选项卡，展开"V-Ray DMC采样器"卷展栏，设置"适应数量"为0.95；展开"V-Ray系统"卷展栏，设置"区域排序"为"Top-Bottom"，最后禁用"显示窗口"选项。

3.2.5 创建卧室主光源

（1）执行"创建 > 灯光 > VRay > VR灯光"，在左视图中拖拽创建1盏VR灯光，位置如图3-91所示。

（2）选择上一步创建的VR灯光，然后在"修改"面板中设置"类型"为"平面"，设置"倍增"为7，调节"颜色"为蓝色（红：94，绿：103，蓝：144），设置1/2长为1 350 mm，1/2宽为2 200 mm，启用"不可见"选项（图3-92）。

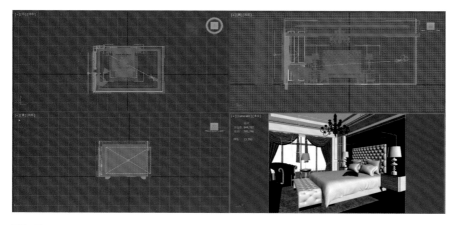

图3-91   图3-92

（3）使用"VR灯光"工具在左视图中在创建一盏VR灯光，位置如图3-93所示。

（4）选择上一步创建的VR灯光，然后在"修改"面板中设置"类型"为"平面"，设置"倍增"为1.4，调节"颜色"为浅黄色（红：255，绿：230，蓝：206），设置1/2长为2 100 mm，1/2宽为1 300 mm，启用"不可见"选项，最后设置"细分"为12（图3-94）。

（5）按"Shift+Q"组合键，快速渲染摄影机视图。

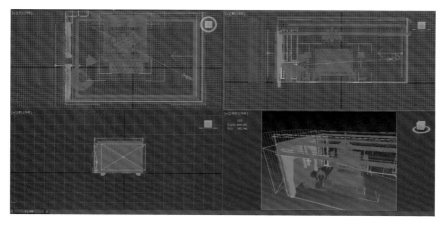

图3-93   图3-94

3.2.6 创建卧室顶棚灯带

（1）执行"创建 > 灯光 > VRay > VR灯光"，在顶视图中拖拽创建2盏VR灯光，位置如图3-95所示。

（2）选择上一步创建的VR灯光，然后在"修改"面板中分别设置其"类型"为"平面"，设置"倍增"为6，调节"颜色"为橘黄色（红：252，绿：191，蓝：84），设置1/2长为50 mm，1/2宽为

1 700 mm，启用"不可见"选项，禁用"影响高光"和"影响反射"选项（图3-96）。

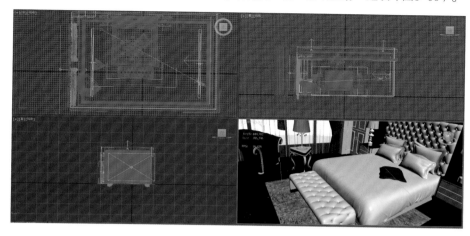

图3-95

图3-96

（3）继续使用 "VR灯光"工具在顶视图中创建两盏VR灯光，位置如图3-97所示。

（4）选择上一步创建的VR灯光，然后在"修改"面板中分别设置其"类型"为"平面"，"倍增"为6，调节"颜色"为橘黄色（红：252，绿：191，蓝：84），设置1/2长为50 mm，1/2宽为2 650 mm，启用"不可见"选项，禁用"影响高光"和"影响反射"选项（图3-98）。

（5）按"Shift+Q"组合键，快速渲染摄影机视图。

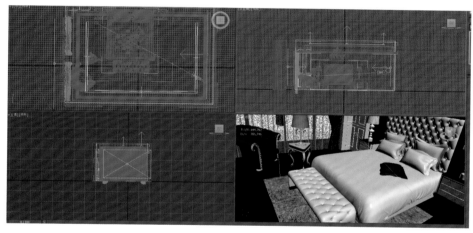

图3-97

图3-98

3.2.7　创建卧室射灯

（1）执行"创建 > 灯光 > 光学度 > 目标灯光"，在前视图中拖拽创建1盏目标灯光，并使用"选择并移动"工具复制14盏，接着将其拖拽到射灯的下方（图3-99）。

（2）选择上一步创建的目标灯光，并在"修改"面板中调节其参数（图3-100、图3-101）。

（3）在"阴影"选项组中设置"阴影类型"为" V-Ray阴影"，设置"灯光分布（类型）"为"光度学Web"，展开"分布（光度学Web）"卷展栏，并在通道上加载"29.IES"光域网。展开" V-Ray阴影参数"卷展栏，启用"区域阴影"选项，设置"U/V/W大小"为10 mm。

（4）按"Shift+Q"组合键，快速渲染摄影机视图。

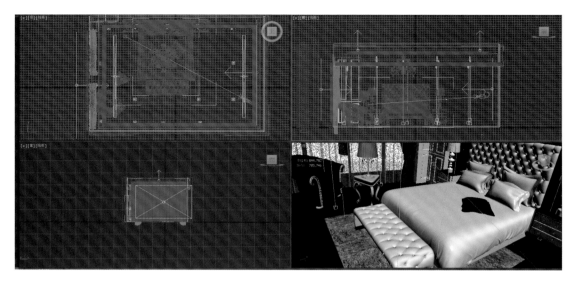

图3-99

图3-100

图3-101

3.2.8 制作卧室台灯光源

（1）执行"创建 > 灯光 > VRay > VR灯光"，在前视图中创建一盏VR灯光，然后使用"选择并移动"工具复制5盏（图3-102）。

（2）选择上一步创建的V-Ray灯光，然后在"修改"面板中设置调节具体的参数（图3-103）。

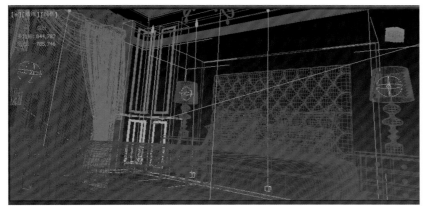

图3-102　　　　　　　　　　　　　　　　　　　　　　　　　图3-103

（3）设置"类型"为"球体"，设置"倍增器"为30，调节"颜色"为浅黄色（红：225，绿：237，蓝：218），1/2长为120 mm，启用"不可见"选项。 继续使用"VR灯光"工具在前视图中创建一盏VR灯光，然后使用"选择并移动"工具复制19盏（图3-104）。

（4）选择上一步创建的VR灯光，然后在"修改"面板中设置"类型"为"球体"，设置"倍增"为30，调节"颜色"为浅橘黄色（红：255，绿：231，蓝：206），设置1/2长为40 mm，启用"不可见"选项，设置"细分"为12（图3-105）。

（5）按"Shift+Q"组合键，快速渲染摄影机视图。

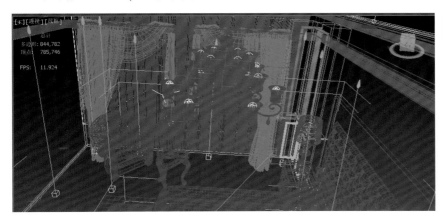

图3-104　　　　　　　　　　　　　　　　　　　　　　　　　图3-105

3.2.9　制作卧室聚光灯光源

（1）执行"创建＞灯光＞标准＞目标聚光灯"，在前视图中创建1盏目标聚灯光（图3-106）。

（2）选择上一步创建的目标聚灯光，然后在"修改"面板中设置调节具体的参数（图3-107、图3-108、图3-109）。

（3）启用"阴影"选项组中的"启用"选项，并设置方式为"VRay阴影"。设置"倍增"为2，设置"聚光区/光束"为10，"衰减区/区域"为100。启用"区域阴影"选项，并设置"U/V/W大小"为10 mm。

（4）按"Shift+Q"组合键，快速渲染摄影机视图。

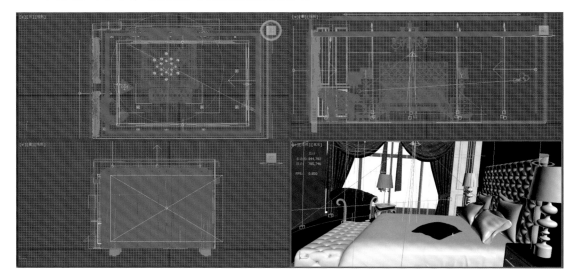

图3-106

图3-107　　　　　　　　图3-108　　　　　　　　图3-109

3.2.10　设置卧室成图渲染参数

经过了前面的操作，已经将大量烦琐的工作做完了。下面需要做的就是把渲染的参数设置高一些，再进行渲染输出。

（1）重新设置渲染参数。按"F10"键，在打开的"渲染设置"对话框中选择"公用"选项卡，设置输出的尺寸为1 733×1 300（图3-110）。

（2）选择V－Ray选项卡，展开"V－Ray 图像采样器（反锯齿）"卷展栏，设置"类型"为"自适应确定性蒙特卡洛"，接着在"抗锯齿过滤器"选项中启用"开"选项，并选择"Catmull-Rom"过滤器，展开"V－Ray 颜色贴图"卷展栏，设置"类型"为"指数"，启用"子像素映射"和"钳制输出"选项（图3-111）。

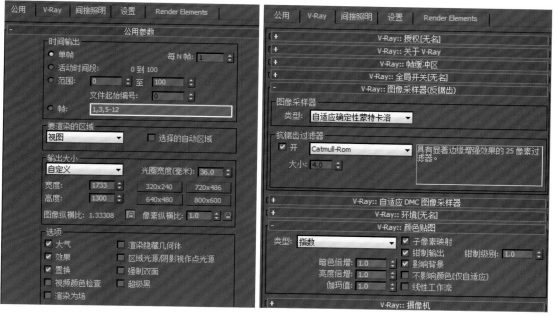

图3-110   图3-111

（3）选择"间接照明"选项卡，启用"开"选项，设置"首次反弹"为"发光图"，"二次反弹"为"灯光缓存"；展开"V－Ray 发光图"卷展栏，设置"当前预置"为"低"，"半球细分"为60，"插值采样"为30，启用"显示计算过程"和"显示直接光"选项（图3-112）。

（4）展开"V－Ray灯光缓存"卷展栏，设置"细分"为1 000，启用"存储直接光"和"显示计算相位"选项（图3-113）。

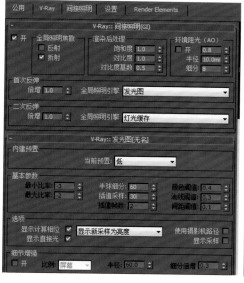

图3-112

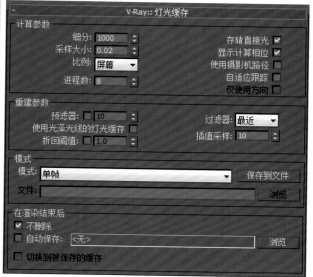

图3-113

（5）选择"设置"选项卡，展开"V-RayDMC采样器"卷展栏，设置"适应数量"为0.85，"噪波阈值"为0.01；展开"V-Ray系统"卷展栏，并禁用"显示窗口"选项（图3-114）。

（6）完成渲染后最终的效果（图3-115）。

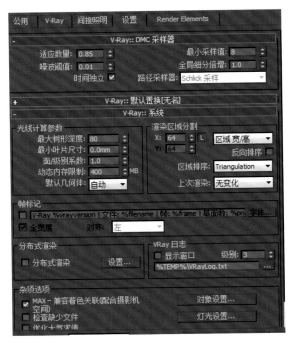

图3-114

图3-115

厨房室内效果设计

3.3.1 厨房3D模型的导入

按照前文所述模型导入方法，导入3D模型，包括"墙体""门窗""灶台""炊具"等，并调整位置大小（图3-116）。

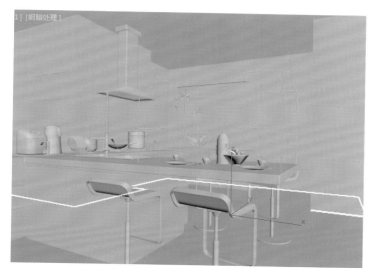

图3-116

3.3.2 VRay材质编辑厨房效果

（1）在创建面板中选择"标准"摄像机，在顶视图中创建1个"目标"摄像机（图3-117）。

（2）在"选择过滤器"中选择为"C-摄像机"，在前视口中选中摄像机的中线，并将摄像机向上移动（图3-118）。

图3-117   图3-118

（3）切换到透视图，将"透视口"转为"摄像机视口"，并在视口中选择摄像机，进入修改面板将其"备用镜头"设置为28 mm（图3-119）。

（4）最后调整位置（图3-120）。

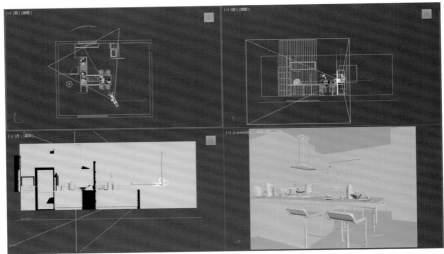

图3-119　　　　　　　　图3-120

（5）在"选择过滤器"中选择"全部"，选择墙面，打开"材质编辑器"，展开"材质"卷展栏，双击"VRavMtl"材质，在"视图1"窗口中双击材质后出现该材质的参数面板，命名为"灰色墙面"，将其"漫反射"颜色设置为浅色，具体值可自定，"反射"颜色设置为深灰色，各值均设置为12，"高光光泽度"设置为0.58，"反射光泽度"设置为0.68，将该材质赋予墙面（图3-121）。

（6）打开"材质编辑器"，展开"材质"卷展栏，双击"VRayMtl"材质，在"视图1"窗口中双击材质，出现该材质的参数面板，命名为"木地板"，在漫反射位置拖入1张木地板的贴图，将"反射"颜色红、绿、蓝均设置为45，"高光光泽度"设置为0.6，"反射光泽度"设置为0.8，"细分"设置为12（图3-122）。

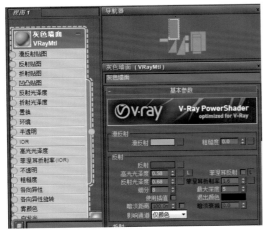

图3-121　　　　　　　　　　　　　　　图3-122

（7）关闭"基本参数"卷展栏，进入下面的"贴图"卷展栏，将另外1张黑白的贴图拖到"凹凸"贴图长按钮位置，并将"凹凸"值设置为30，并在视图中显示贴图，然后将其赋予地板（图3-123）。

（8）为地板添加"UVW贴图"修改器，选择"平面"，将其长度设置为1 950，宽度设置为3 000（图3-124）。

木地板				
高光光泽	100.0	☑		无
反射光泽	100.0	☑		无
菲涅耳折射率	100.0	☑		无
各向异性	100.0	☑		无
各向异性旋转	100.0	☑		无
折射	100.0	☑		无
光泽度	100.0	☑		无
折射率	100.0	☑		无
半透明	100.0	☑		无
烟雾颜色	100.0	☑		无
凹凸	30.0	☑		贴图 #2 (flooral.jpg)
置换	100.0	☑		无
不透明度	100.0	☑		无
环境		☑		无

图3-123

图3-124

（9）打开"材质编辑器"，在展开"材质"卷展栏中，双击"VRayMtl"材质，在"视图1"窗口中双击材质后出现该材质的参数面板，命名为"墙面2"，单击漫反射贴图位置选择"衰减"（图3-125）。

（10）单击进入，展开"衰减参数"卷展栏，单击黑色框后面的【无】按钮，选择"位图"（图3-126）。

图3-125

图3-126

（11）选择1张石材,将该石材贴图在"视图1"中连接到凹凸贴图位置，并将"凹凸"值设置为800（图3-127）。

（12）将该材质赋予给储藏间墙面，进入修改面版，为储藏间墙面添加"UVW贴图"修改器，选择"长方体"类型，并将长、宽、高都设置为300 mm （图3-128）。

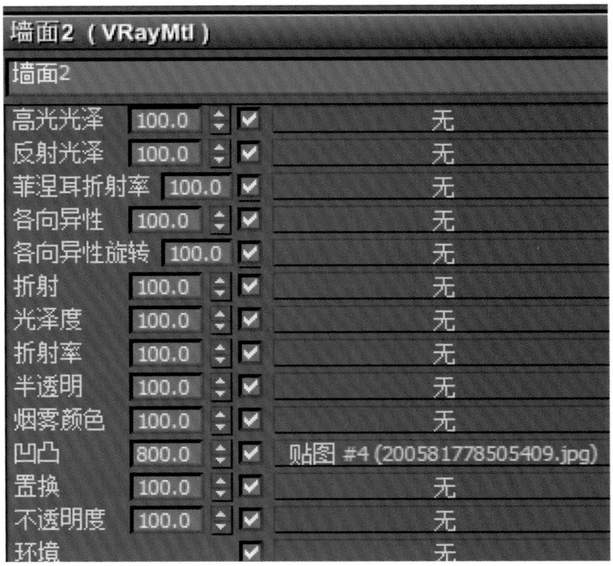

墙面2（VRayMtl）			
墙面2			
高光光泽	100.0	✓	无
反射光泽	100.0	✓	无
菲涅耳折射率	100.0	✓	无
各向异性	100.0	✓	无
各向异性旋转	100.0	✓	无
折射	100.0	✓	无
光泽度	100.0	✓	无
折射率	100.0	✓	无
半透明	100.0	✓	无
烟雾颜色	100.0	✓	无
凹凸	800.0	✓	贴图 #4（200581778505409.jpg）
置换	100.0	✓	无
不透明度	100.0	✓	无
环境		✓	无

图3-127

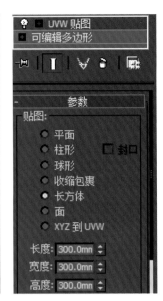

图3-128

（13）打开"材质编辑器"，在展开"材质"卷展栏中，双击"VRayMtl"材质，在"视图1"窗口中双击材质后出现该材质的参数面板，命名为"顶面"，将"漫反射"颜色设置为浅蓝色，"反射光泽度"设置为0.65，并将材质赋予顶面（图3-129）。

3.3.3　设置厨房灯光与渲染

（1）在创建面板创建"灯光"，选择"VR灯光"，打开"捕捉"工具，在前视口捕捉窗户外形创建灯光（图3-130）。

图3-129

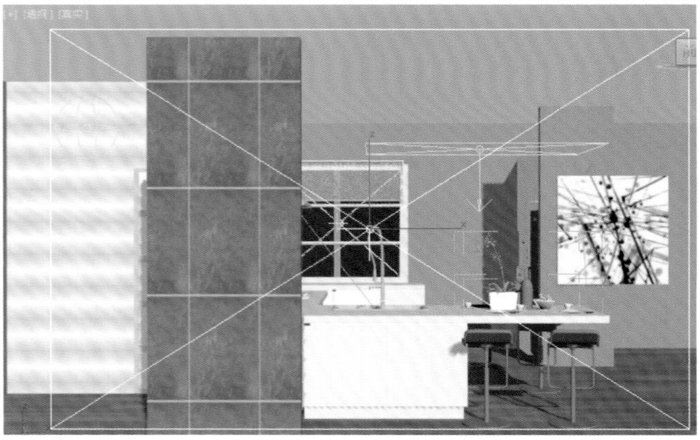

图3-130

（2）关闭"捕捉"，在顶视口使用"移动"工具将灯光移动到窗户外部，并使用"镜像"，在Y轴上镜像。

（3）进入修改面板，将灯光的"倍增器"值设置为18，"颜色"设置为浅蓝色，勾选"不可见"（图3-131）。

（4）打开"渲染设置"面板调整测试参数，在"公用参数"选项中将"输出大小"设置为320×240，在"图像采样器"卷展栏中将"类型"设置为"固定"，"抗锯齿过滤器"设置为"区域"（图3-132）。

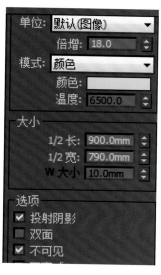
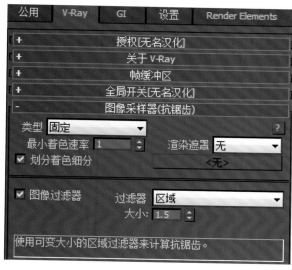

图3-131   图3-132

（5）展开"颜色贴图"卷展栏，将"类型"设置为"指数"，"暗色倍增"值设置为1，"高度倍增"设置为1（图3-133）。

图3-133

（6）进入"间接照明"卷展栏，将"间接照明"的"开"勾选，展开"发光图"卷展栏，将"当前预置"设置为"非常低""半球细分"设置为50，"插值采样"设置为20，勾选"显示计算相位"与"显示直接光"（图3-134）。

图3-134

141

（7）进入 "设置"选项，展开 "系统"卷展栏，勾选 "帧标记"，删除原有文字的前部分，只保留现在的渲染时间，并取消勾选 "显示窗口"。

（8）设置完成之后，渲染场景查看效果，经过几秒钟，就能看到窗户附近的灯光已经基本达到要求，但是内部空间有些暗。

（9）进入顶视口将灯光向内侧复制，选择 "复制"的克隆方式，并使用 "移动"工具将其移动至窗户上（图3-135）。

（10）进入修改面板，将 "倍增器"值设置为5，"颜色"设置为土黄色（图3-136）。

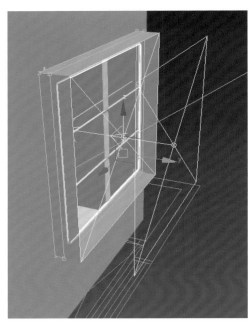

图3-135   图3-136

（11）回到摄像机视口渲染场景，观察亮度基本达到要求。

（12）最大化前视口，创建 "VR灯光"，在摄像机后部的墙面上创建1个 "VR灯光"（图3-137）。

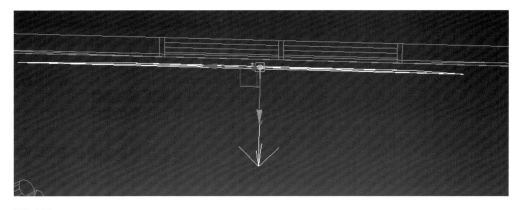

图3-137

（13）进入顶视口，将灯光移动到墙体内部，并贴于墙面，进入修改面板，将 "倍增器"值设置为2，"颜色"设置为浅蓝色，勾选 "不可见"。

（14）回到摄像机视口，渲染场景能观察效果。

（15）最大化左视口，在门的位置上创建1个比门稍大的"VR灯光"。

（16）切换到顶视口，将灯光移动到门的位置，并使用"镜像"工具，选择x轴为镜像轴。

（17）进入修改面板，将"倍增器"值设置为3，将"颜色"设置为土黄色。

（18）渲染场景并观察效果。

（19）最大化顶视口，在中间的餐桌位置创建1个"VR灯光"（图3-138）。

（20）切换到前视口，将灯光向上移动到吊灯高度。

（21）进入修改面板，将"倍增器"值设值为3.0，"颜色"设置为浅黄色（图3-139）。

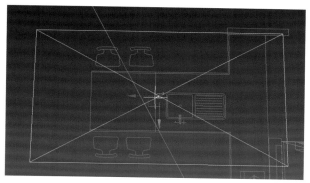

图3-138

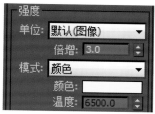

图3-139

（22）渲染场景并观察效果。

（23）最大化左视口，在左视图中创建1个VR太阳灯，从窗口射入室内，对于是否添加天空贴图，选择"否"（图3-140）。

（24）进入顶视口，进一步调整灯光位置，让灯光从窗口射入，进入修改面板，将"强度倍增"设置为0.04，"过滤颜色"设置为深黄色（图3-141）。

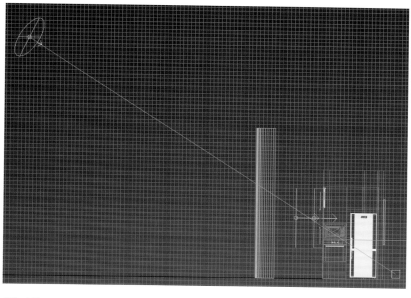

图3-140

图3-141

（25）回到摄像机视口，渲染测试场景。

（26）制作外景，在顶视口的窗户外面创建1条弧，并将其添加"挤出"修改器，挤出"数量"设置为4 000 mm。

（27）打开"材质编辑器"，在展开"材质"卷展栏，双击"VR灯光材质"，在"视图1"窗口中双击材质后出现该材质的参数面板，取名为"外景"，转为"VR灯光材质"，将"颜色"值设置为2，在颜色后面的【无】长按钮中拖入1张室外风景贴图，并将其作为外景平面（图3-142）。

（28）给弧面添加"UVW贴图"修改器，"贴图"选项选择"长方体"，长度设置为500 mm，宽度设置为5 000 mm，高度设置为5 000 mm，展开"UVW贴图"卷展栏，选择"Gizmo"，使用"移动"工具在摄像机视口移动，按"F3"键将其移动至刚好覆盖窗口的位置，再为其添加"法线"修改器（图3-143）。

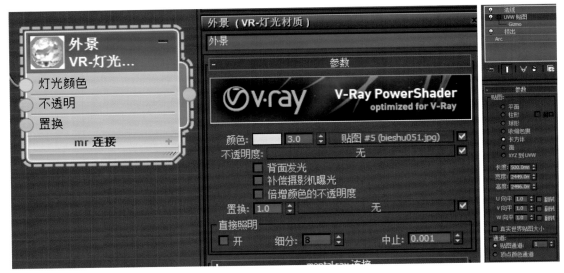

图3-142

图3-143

（29）渲染摄像机视图，观察效果，发现外景挡住了照入室内的太阳光（图3-144）。

（30）回到外景，选择VR太阳，在修改面板中单击"排除"按钮，打开"排除/包含"对话框，将"Arc001"排除到右侧，单击【确定】按钮（图3-145）。

图3-144

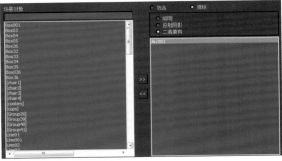

图3-145

（31）再次渲染摄像机视图，观察效果，发现这时的渲染效果已经趋于正常了。

（32）取大化顶视口，在顶视口，在顶视图左边创建一个与该吊灯等大小的球形"VR灯光"（图3-146）。

（33）切换到左视口，将灯光向上移动到吊灯的高度位置。

（34）进入修改面板，将"倍增器"值设置为12，"颜色"设置为蓝色（图3-147）。

（35）渲染场景并观察灯光的最终效果，接下来继续合并其他模型。

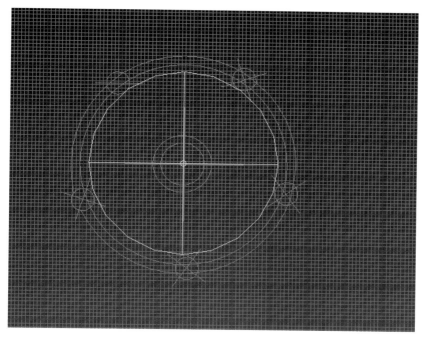

图3-146

图3-147

3.3.4　VRay材质编辑厨房效果

（1）打开主菜单栏，执行"导入＞合并"，将准备的模型依次合并进场景中，并进行调整。

（2）选择"橱柜．max"，单击"打开"，在"合并"对话框中选择"全部"，并取消勾选"灯光"与"摄像机"。

（3）继续合并其他模型，如果遇到重复材质名称的情况，可以勾选"选择应用于所有重复情况"，并选择"自动重命名合并材质"。

（4）全部合并完成之后，发现场景中的材质都没有显示贴图，因为计算机没有找到贴图路径，这时就需要为场景中的材质重新添加贴图（图3-148）。

（5）按"P"键进入透视口，打开"材质编辑器"，使用"吸管"工具吸取没有贴图的材质，并在"视图1"中双击该材质贴图，并单击【位图】按钮（图3-149）。

图3-148

图3-149

（6）按照图片的路径与名称，找到其贴图，找到后单击打开，也可添加其他合适的贴图。

（7）完成后，继续使用此方法还原其余模型贴图，全部完成后渲染效果。

（8）右键单击摄像机视口左上角"Camera"，选择"显示安全框"，并检查场景材质是否都正确。

（9）根据个人喜好改变场景材质。打开材质编辑器，展开"场景材质"卷展栏，选择"木地板"材质，进入其参数面板，展开"贴图"卷展栏，在"漫反射贴图"位置单击鼠标右键，选择"清除"，将贴图清除（图3-150）。

图3-150

（10）将凹凸贴图也清除，单击【漫反射贴图】按钮，在"材质／贴图浏览器"中选择"平铺"贴图。

（11）单击进入平铺贴图的参数面板，在"标准控制"卷展栏中将"预设类型"设置为"堆栈砌合"，在"高级控制"卷展栏中的"平铺设置"选项的【纹理】按钮位置上拖入1张米色瓷砖贴图，平铺的"水平数"与"垂直数"都设置为1，将"砖缝设置"的"纹理"颜色设置为深灰色，"水平间距"与"垂直间距"都设置为0.5。

（12）在"视图1"中双击木地板面板，回到"贴图"卷展栏，将"漫反射"贴图拖到"凹凸"贴图位置，并选择"复制"，将"凹凸"值设置为30（图3-151）。

图3-151

（13）单击贴图进入该贴图的参数面板，将平铺的"纹理贴图"清除，并将"砖缝设置"中的"纹理"颜色设置为纯黑色。

（14）在透视口中选择地面，在修改面板中将地面的"UVW贴图"的长度与宽度都设置为600 mm（图3-152）。

图3-152

（15）在材质编辑器的"场景材质"卷展栏中选择"外景"材质，并双击其贴图进入贴图的参数面板（图3-153）。

（16）单击其"位图"按钮，拖入1张风景的外景，并将"模糊"设置为2.0（图3-154）。

图3-153

图3-154

（17）在摄像机视口中，按"F3"键切换到线框模式，在修改面板中，选择"UVW贴图"卷展栏下的"Gizmo"，在"贴图"选项中选择"长方体"，使用"移动"工具仔细调节其位置。

（18）完成后，渲染场景观察效果，满意之后就可以进行最终渲染了。

3.3.5 厨房渲染设置

（1）按"F10"键打开"渲染设置"面板，进入"公用"选项的"公用参数"卷展栏，将"输出大小"中的"宽度"与"高度"设置为400×300，锁定"图像纵横比"（图3-155）。

图3-155

（2）进入"V-Ray"选项，展开"全局开关"卷展栏，将"不渲染最终图像"勾选，再展开"图像采样器"卷展栏，将"图像采样器类型"设置为"自适应细分"，"抗锯齿过滤器"设置为"mitGhell—Netravali"（图3-156）。

图3-156

（3）进入"间接照明"选项，展开"间接照明"卷展栏，将"二次反弹"中的"全局照明引擎"设置为"灯光缓存"，展开"发光图"卷展栏，将"当前预置"设置为"中"，"半球细分"设置为50，"插值采样"设置为30。

（4）向下拖动，将"自动保存"与"切换到保存的贴图"勾选，并单击后面的"浏览"，将其保存。

（5）展开"灯光缓存"卷展栏，将"细分"设置为1 200，勾选"显示计算相位""自动保存"与"切换到被保存的缓存"，并单击后面的"浏览"，将其保存。

（6）进入"设置"选项，展开"DMC采样器"，将"最小采样值"设置为12，"噪波阈值"设置为0.005。

3.3.6 厨房效果图输出

（1）切换到摄像机视图，渲染场景，经过几分钟的渲染，就会得到两张光子图。

（2）按"F10"键打开"渲染设置"面板，进入"公用"选项，将"输出大小"设置为1 600×1 200，向下滑动单击"渲染输出"选项中的【文件】按钮，将其保存并命名（图3-157）。

（3）进入"V-Ray"选项，将"全局开关"卷展栏中的"不渲染最终的图像"取消勾选，单击【渲染】按钮（图3-158）。

（4）经过渲染，就可以得到1张高质量的现代厨房效果图，并且会被保存在预先设置的文件夹内（图3-159）。

图3-157

图3-158

图3-159

3.4 卫生间室内效果设计

3.4.1 卫生间3D模型的导入

参照项目一的方法导入模型，包括"墙体""门窗""洗漱台""马桶"等，并调整模型大小和位置，如图3-160所示。

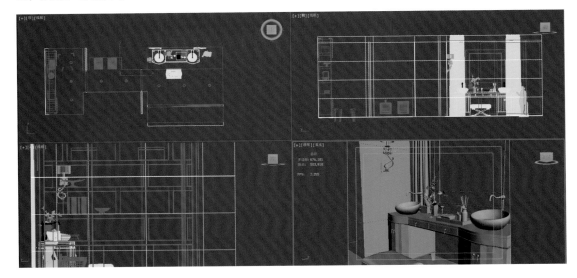

图3-160

3.4.2 卫生间材质的制作

（1）瓷砖材质的制作

①选择一个空白材质球，然后将材质类型设置为"多维/子对象"材质，并命名为"瓷砖"，展开"多维/子对象基本参数"卷展栏，设置"设置数量"为3，最后分别在ID1、ID2和ID3通道上加载VRayMtl材质，如图3-161所示。

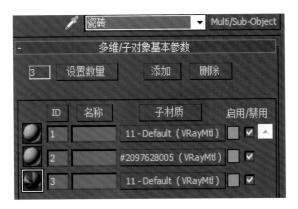

图3-161

②进入ID号为1的通道中，并进行调节如图3-162所示。

③在"漫反射"选项组中的通道上加载贴图文件。在"反射"选项组中调节颜色为灰色（红：140，绿：140，蓝：140），启用"菲涅耳反射"选项。进入ID号为2的通道中，并设置参数与ID号为1的参数一致，如图3-163所示。

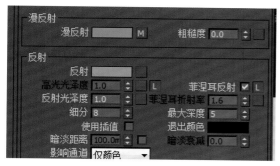

图3-162

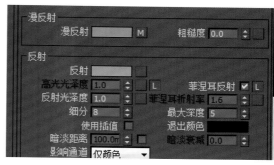

图3-163

④进入ID号为3的通道中，并进行调节，如图3-164所示。

⑤在"漫反射"选项组中的通道上加载贴图文件，在"反射"选项组中调节颜色为灰色（红：140，绿：140，蓝：140），启用"菲涅耳反射"选项。将制作好的瓷砖材质赋给场景中地面和墙壁的模型，效果如图3-165所示。

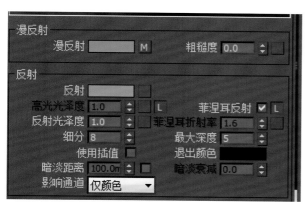

图3-164

图3-165

（2）白漆材质的制作。

①选择一个空白材质球，然后将材质类型设置为VRayMtl材质，并命名为"白漆"，具体的参数调节如图3-166所示。

图3-166

②在"漫反射"选项组中调节颜色为黑色（红：0，绿：0，蓝：0），在"反射"选项组中调节颜色为深灰色（红：39，绿：39，蓝：39），设置"高光光泽度"为0.8，"反射光泽度"为0.85。将制作好的白漆材质赋给场景中柜子和凳腿的模型，效果如图3-167所示。

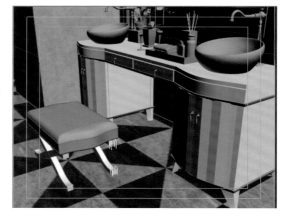

图3-167

（3）布纹材质的制作。

①选择一个空白材质球，然后将材质类塑设置为VRayMtl材质，并命名为"凳子坐垫"，具体的参数调节如图3-168、图3-169所示。

图3-168

图3-169

②在"漫反射"选项组中的通道上加载贴图文件。展开"选项"卷展栏，禁用"跟踪反射"选项，最后将制作好的凳子坐垫材质赋给场景中凳子坐垫的模型，如图3-170所示。

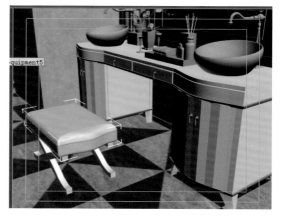

图3-170

（4）镜面材质的制作。

①选择一个空白材质球，然后将材质类型设置为多维/子对象材质，并命名为"镜子"，展开"多维/子对象基本参数"为4，最后分别在ID1、ID2、ID3和ID4通道中加载VRayMtl材质，如图3-171所示。

②进入ID号为1的通道中，并进行调节，如图3-172所示。

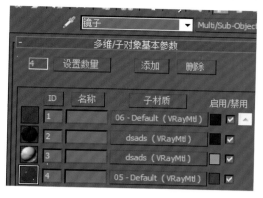

图3-171

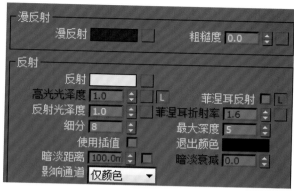

图3-172

③在"漫反射"选项组中调节颜色为海灰色（红：25，绿：25，蓝：25），在"反射"选项组中调节颜色为浅灰色（红：220，绿：220，蓝：220）。进入ID号为2的通道中，并进行调节，如图3-173所示。

④在"漫反射"选项组中调节颜色为深灰色（红：25，绿：25，蓝：25），在"反射"选项组中调节颜色为深灰色（红：90，绿：90，蓝：90）。进入ID号为3的通道中，并进行调节，如图3-174所示。

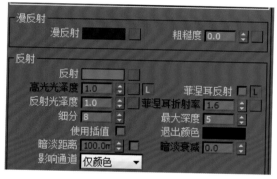

图3-173

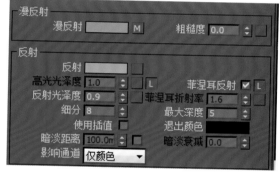

图3-174

⑤在"漫反射"选项组中的通道上加贴图文件。在"反射"选项组中调节颜色为浅灰色（红：150，绿：150，蓝：150），启用"菲涅尔反射"选项，设置"反射光泽度"为0.9。进入ID号为4的通道中，并进行调解，如图3-175所示。

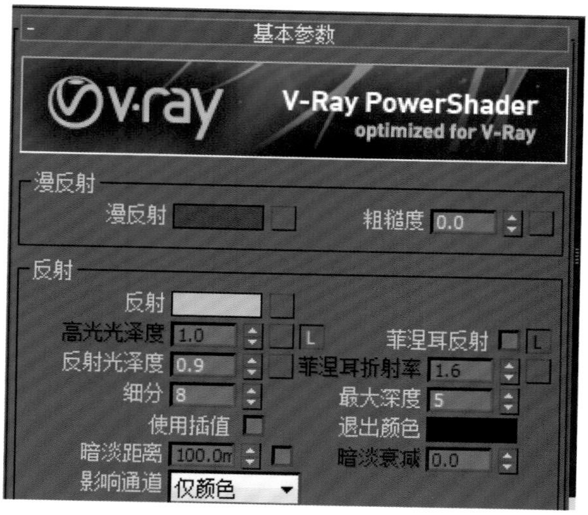

图3-175

⑥在"漫反射"选项组中调节颜色为深灰色（红：50，绿：50，蓝：500），在"反射"选项组中调节颜色为浅灰色（红：180，绿：180，蓝：180），设置"反射光泽度"为0.9。将制作好的镜子材质赋给场景中镜子的模型，效果如图3-176所示。

图3-176

（5）帘子材质的制作。

①选择一个空白材质球，然后将材质类型设置为"标准"材质，并命名为"帘子"。在"漫反射"中的通道上加载贴图文件，如图3-177所示。

②将制作好的帘子材质赋给场景中帘子的模型，效果如图3-178所示。

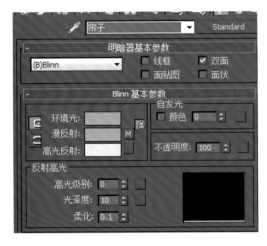

图3-177

图3-178

（6）雕塑材质的制作

①选择一个空白材质球，然后将材质类型设置为"标准"材质，并命名为"雕塑"，调节"环境光"颜色为白色（红：255，绿：255，蓝：255），调节"漫反射"颜色为白色（红：255，绿：255，蓝：255），调节"高光反射"颜色为浅灰色（红：230，绿：230，蓝：230），如图3-179所示。

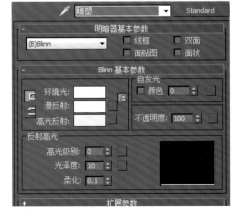

图3-179

②将制作好的雕塑材质赋给场景中雕塑的模型，效果如图3-180所示。

图3-180

（7）洗脸池材质的制作。

①选择一个空白材质球，然后将材质类型设置为VRayMtl材质，并命名为"面盆"。在"漫反射"选项组中调节颜色为白色（红：255，绿：255，蓝：255），在"反射"选项组中调节颜色为深灰色（红：69，绿：69，蓝：69），设置"高光光泽度"为0.9，如图3-181所示。

②将制作好的面盆材质赋给场景中面盆模型，效果如图3-182所示。

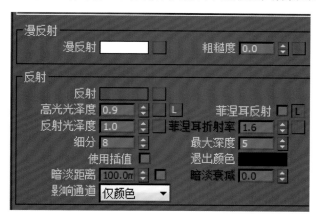

图3-181

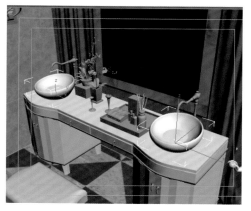

图3-182

（8）水管材质的制作。

①选择一个空白材质球，然后将材质类型设置为VrRayMtl材质，并命名为"水管"。在"漫反射"选项组中调节颜色为深灰色（红：122，绿：122，蓝：122），在"反射"选项组中调节颜色为灰色（红：164，绿：164，蓝：164），设置"高光光泽度"为0.85，如图3-183所示。

图3-183

②将制作好的水管材质赋给场景中水管的模型，效果如图3-184所示。

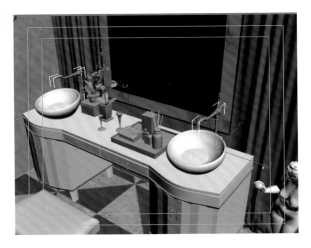

图3-184

（9）植物材质的制作。

①选择一个空白材质球，然后将材质类型设置为VRayMtl材质，并命名为"花瓣"，在"漫反射"选项组中的通道上加载贴图文件，如图3-185所示。

②将调节完毕的花瓣材质赋给场景中花瓣的模型，如图3-186所示。

图3-185

图3-186

③选择一个空白材质球，然后将材质类型设置为VRayMtl材质，并命名为"绿叶"。在"漫反射"选项组中的通道上加载贴图文件，在"反射"选项组中调节颜色为深灰色（红：30，绿：30，蓝：30），设置"反射光泽度"为0.55，如图3-187所示。

图3-187

④将制作好的绿叶材质赋给场景中绿叶的模型，效果如图3-188所示。

⑤选择一个空白材质球，然后将材质类型设置为VRayMtl材质，并命名为"枝干"。在"漫反射"选项组中的通道上加载贴图文件，"反射"选项组中调节颜色为深灰色（红：60，绿：60，蓝：60），设置"反射光泽度"为0.5，如图3-189所示。

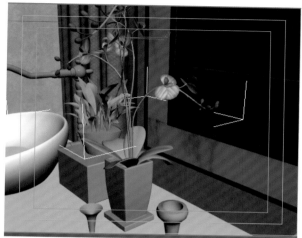

图3-188

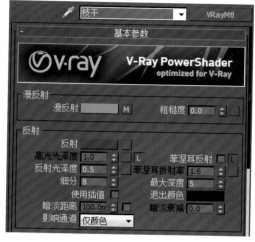

图3-189

⑥将制作好的枝干材质赋给场景中枝干的模型，效果如图3-190所示。

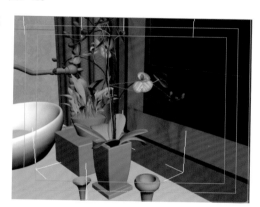

图3-190

（10）

①选择一个空白材质球，然后将材质类型设置为VRayMtl材质，并命名为"花盆"。在"漫反射"选项组中调节颜色为白色（红：255，绿：255，蓝：255），在"反射"选项组中调节颜色为白色（红：255，绿：255,蓝：255），选中"菲涅耳反射"复选框。在"折射"选项组中调节颜色为白色（红：255，绿：255，蓝：255）选中"影响阴影"复选框，如图3-191所示。

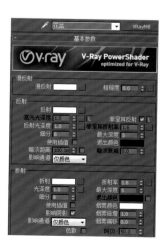

图3-191

②将调节完毕的花盆材质赋给场景中花盆的模型，效果如图3-192所示。

图3-192

（11）

创建出其他部分的材质，如图3-193所示。

图3-193

3.4.3 创建卫生间摄影机

（1）执行"创建＞摄影机＞标准＞目标"，在顶视图中拖拽创建一台摄影机，具体位置如图3-194所示。

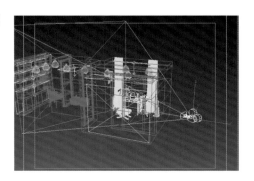

图3-194

（2）选择创建的摄影机，然后进入"修改"面板，并设置"镜头"为43.456，"视野"为45，启用"手动剪切"选项，设置"近距剪切"为2 500 mm，"远距剪切"为9 000 mm，如图3-195所示。

（3）按快捷键"C"切换到摄影机视图，如图3-196所示。

图3-195　　　　图3-196

3.4.4　设置卫生间灯光

（1）渲染器设置。

①按"F10"键，在打开的"渲染设置"对话框中选择"公用"选项卡，设置输出的尺寸为500×400，如图3-197所示。

②选择V-Ray选项卡，展开"V-Ray::图形采样器（反锯齿）"卷展栏，设置"类型"为"固定"，禁用"抗锯齿过滤器"选项。展开"V-Ray::颜色贴图"卷展栏，设置"类型"为"指数"，启用"子像素映射"和"钳制输出"选项，如图3-198所示。

 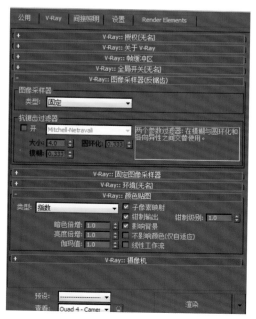

图3-197　　　　　　　　　　　图3-198

③选择"间接照明"选项卡，设置"首次反弹"为"发光图"，设置"二次反弹"为"灯光缓存"。展开"V－Ray::发光图"卷展栏，设置"当前预置"为"非常低"，设置"半球细分"为40，"插值采样"为20，启用"显示计算相位"和"显示直接光"选项。展开"V－Ray::灯光缓存"卷展栏，设置"细分"为400，禁用"存储直接光"选项。

④选择"设置"选项卡，展开"V－Ray::DMC采样器"卷展栏，设置"适应数量"为0.95；展开"V－Ray::系统"卷展栏，设置"区域排序"为Top－Bottom，禁用"显示窗口"选项。

（2）创建主光源。

①在顶视图中创建1盏VR灯光，并使用"选择并移动"工具复制3盏灯光，位置如图3-199所示。

②选择上一步创建的VR灯光，然后在"修改"面板中设置"类型"为"平面"，设置"倍增"为15，调节"颜色"为橘黄色（红：255，绿：178，蓝：116），设置"1/2长"为130 mm，"1/2宽"为1 170 mm，启用"不可见"选项，如图3-200所示。

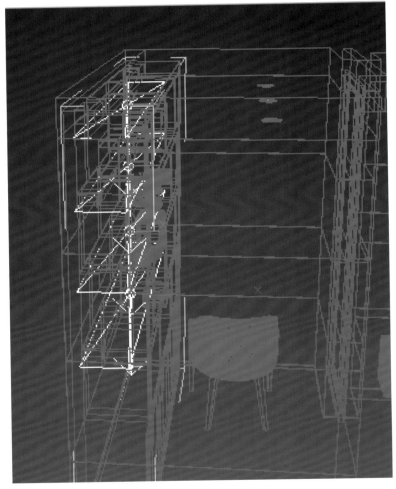

图3-199

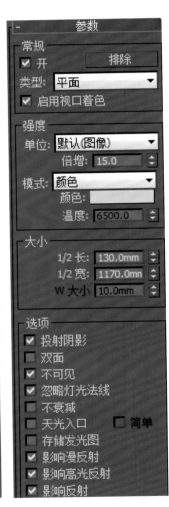

图3-200

③继续使用"VR灯光"工具在顶视图中创建1盏VR灯光，位置如图3-201所示。

④选择上一步创建的VR灯光，然后在"修改"面板中设置"类型"为"平面"，设置"倍增"为1，调节颜色为白色（红：255，绿：255，蓝：255），设置"1/2长"为480 mm，"1／2宽"为700 mm，启用"不可见"选项，如图3-202所示。

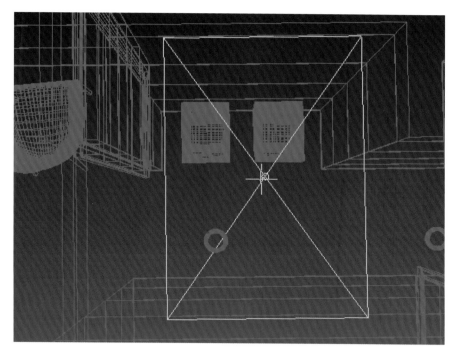

图3-201

图3-202

⑤继续使用"VR灯光"工具在前视图中创建1盏VR灯光，如图3-203所示。

⑥选择上一步创建的VR灯光，然后在"修改"面板中设置"类型"为"平面"，设置"倍增"为5，调节"颜色"为白色（红：255，绿：255，蓝：255），设置"1/2长"为1 200 mm，"1/2宽"为950 mm，启用"不可见"选项，禁用"影响漫反射"和"影响高光"选项，设置"细分"为30，如图3-204所示。

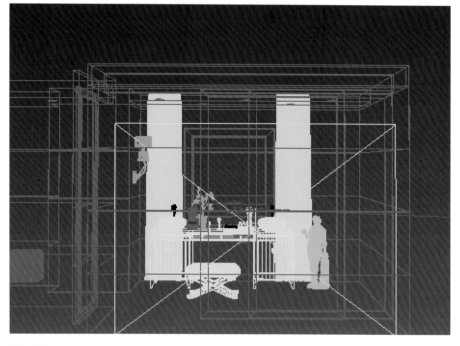

图3-203

图3-204

⑦继续使用"VR灯光"工具在顶视图中创建1盏VR灯光，如图3-205所示。

⑧选择上一步创建的VR灯光，然后在"修改"面板中设置"类型"为"平面"，设"倍增"为5，调节"颜色"为白色（红：255，绿：255，蓝：255），设置"1/2长"为300 mm，"1/2宽"为1 300 mm，启用"不可见"选项，禁用"影响高光"和"影响反射"选项，设置"细分"为30，如图3-206所示。

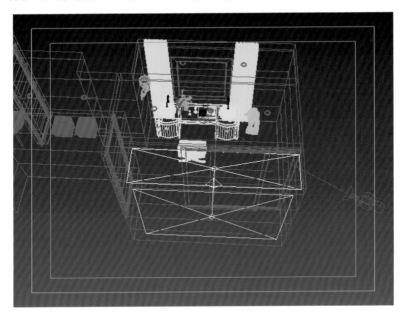

图3-205

图3-206

（3）创建室内顶棚灯带。

①在顶视图中创建1盏VR灯光，如图3-207所示。

②选择上一步创建的VR灯光，然后在"修改"面板中分别设置其"类型"为"平面"，"倍增"为10，调节"颜色"为橘黄色（红：255，绿：199，蓝：126），设置"1/2长"为60 mm，"1/2宽"为1 100 mm，启用"不可见"选项，禁用"影响高光"和"影响反射"选项，如图3-208所示。

③按Shift+Q组合键，快速渲染摄影机视图。

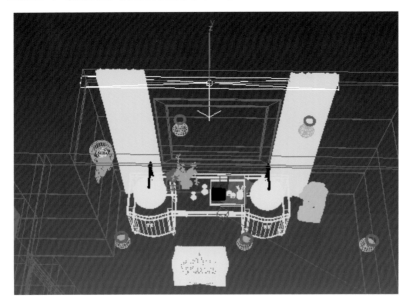

图3-207

图3-208

（4）创建室内射灯

①执行"创建＞灯光＞光学度＞自由灯光"，在前视图中拖拽创建1盏自由灯光，并使用"选择并移动"工具复制9盏灯光，接着将其拖拽到射灯的下方，如图3-209所示。

②选择上一步创建的自由灯光，并在"修改"面板中调节其参数，如图3-210、图3-211、图3-212所示。

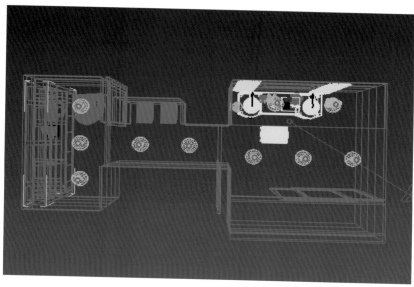

图3-209

图3-210

图3-211

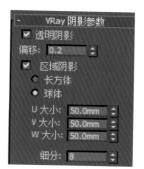

图3-212

③在"阴影"选项组中设置阴影类型为"VRay阴影","灯光分布（类型）"设置"光度学Web"，展开"分布（光度学Web）"卷展栏，并在通道上加载光域网。展开"强度/颜色/衰减"卷展栏，设置"过滤颜色"为浅橘黄色（红：254，绿：223，蓝：196），"强度"为45 000。展开"VRay阴影参数"卷展栏，启用"区域阴影"选项，设置"U/W/V大小"分别为50 mm。按Shift+Q组合键，快速渲染摄影机视图。

（5）创建壁灯光源。

①在前视图中创建1盏VR灯光，如图3-213所示。

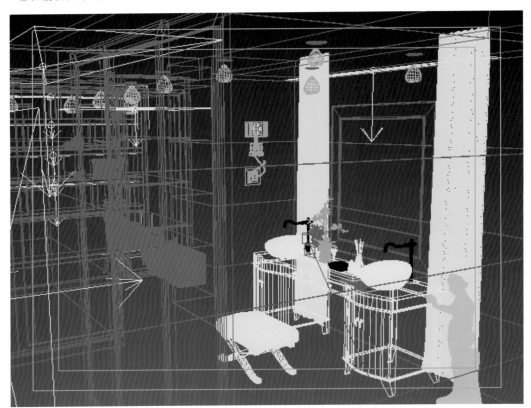

图3-213

②选择上一步创建的VR灯光，然后在"修改"面板中设置"类型"为"球体"，"倍增"为12，调节"颜色"浅黄色（红：255，绿：208，蓝：148），设置"1/2长"为50 mm，启用"不可见"选项，禁用"影响高光"和"影响反射"选项，如图3-214所示。

③按Shift+Q组合键，快速渲染摄影机视图。

（6）设置渲染参数。

①按"F10"键，在打开的"渲染设置"对话框中选择"公用"选项卡，设置输出的尺寸为1 700×1 360，如图3-215所示。

②选择V-Ray选项卡，展开"V-Ray::图形采样器（反锯齿）"卷展栏，设置"类型"为"自适应确定性蒙特卡洛"，接着在"抗锯齿过滤器"选项组中启用"开"选项，并选择Mitchel-Netravali过滤器；展开"V-Ray::颜色贴图"卷展栏，设置"类型"为"指数"，启用"子像素映射"和"钳制输出"选项，如图3-216所示。

③选择"间接照明"选项卡，启用"开"选项，设置"首次反弹"为"发光图"，设置"二次反弹"为"灯光缓存"，展开"V-Ray::发光图"卷展栏，设置"当前预置"为"低"，"半球细分"为50，"插值采样"为20，启用"显示计算相位"和"显示直接光"选项，如图3-217所示。

图3-214　　　　　　　图3-215

图3-216

图3-217

　　④展开"V-Ray::灯光缓存"卷展栏，设置"细分"为1 000，启用"存储直接光"和"显示计算相位"选项，如图3-218所示。

　　⑤选择"设置"选项卡，展开"V-Ray::DMC采样器"卷展栏，设置"适应数量"为0.85，"噪波阈值"为0.01；展开"V-Ray::系统"卷展栏，禁用"显示窗口"选项，如图3-219所示。

　　⑥渲染完成后最终的效果如图3-220所示。

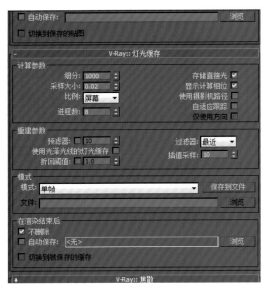

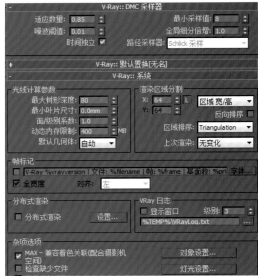

图3-218

图3-219

图3-220